Gerd Großmann

Taschenatlas
Obstgehölze schneiden

78 Farbfotos
117 Zeichnungen

Ulmer

Vorwort

Der Obstgehölzschnitt ist für viele Freizeitgärtner oft ein Buch mit sieben Siegeln. Das Gehölz ist schnell gepflanzt. Aber wie soll es nun weiter gepflegt und insbesondere geschnitten werden? In Abhängigkeit von der Obstart, der Sorte, der gewählten Unterlage, den Standortverhältnissen und Lagebedingungen muss jedes Obstgehölz individuell behandelt, das heißt, erzogen und geschnitten werden. Es gibt nur zwei Gesetzmäßigkeiten, die grundsätzlich zu beachten sind. Einerseits sind es die Schnittgesetze, die als Reaktion auf die von uns durchgeführte Schnittmaßnahme wirken. Andererseits betrifft es die Triebförderungsgesetze, die bei den Schnittmaßnahmen unbedingt zu beachten sind und die ebenfalls eine Reaktion des Gehölzes auf Schnitt- und Erziehungsmaßnahmen darstellen. Letztendlich sind die Schnitt- und Erziehungsmaßnahmen nach dem Alter der Gehölze differenziert vorzunehmen.

Junge Bäume werden geschnitten, um die Krone zu erziehen. Dabei soll der dem Gehölz vorgegebene Standraum möglichst rasch ausgenutzt werden.

Mit zunehmendem Gehölzalter bezwecken Schnittmaßnahmen, dass zwischen dem Wachstum und dem Ertrag ein Gleichgewicht hergestellt wird.

Damit Obstgehölze auch im Alter noch ausreichend Früchte von guter Qualität bilden, sind Schnittmaßnahmen zur Verjüngung notwendig.

Dresden, im Herbst 2010
Gerd Großmann

Inhaltsverzeichnis

Grundlagen

In diesem Kapitel finden Sie sowohl die botanischen Grundlagen für das Wachstum der Gehölze als auch die wichtigsten Grundsätze zum Gehölzschnitt.

Bau des Gehölzes

Gehölze sind ein System von Verzweigungen. Ohne Schnitteinfluss verzweigen sie sich nach natürlichem, arttypischem Wuchsverhalten. Als Beispiel sei die Süßkirsche *Prunus avium* genannt. Das natürliche Wachstum ist von einer dominanten Mittelachse geprägt. Davon gehen seitlich, in Etagen angeordnet, Verzweigungen ab. Es werden Astquirle gebildet.

Wuchsform Baum: Es treiben immer die am höchsten gelegenen Triebe am stärksten aus

Triebe

Wichtig für Schnittmaßnahmen ist die Kenntnis der verschiedenen Triebformen. Man unterscheidet Lang- und Kurztriebe.

Langtriebe sind im Vorjahr gewachsen. Im Jugendstadium des Baumes sind sie für den Kronenaufbau und für die zukünftige Baumform von Bedeutung. Mit wenigen Ausnahmen, z. B.

Wuchsform Strauch: Neue Triebe entstehen vor allem an der Triebbasis

bei der Sauerkirsche 'Schattenmorelle', sind diese über ihre gesamte Länge mit Blattknospen besetzt. Schneidet man sie zurück, wird die Verzweigung gefördert. Lässt man sie ungeschnitten, beispielsweise bei der Pflaume oder Aprikose, werden auch an den Langtrieben im Folgejahr Blütenknospen gebildet.

Stark verjüngte Bäume erzeugen aufgrund des starken Rückschnittes eine Vielzahl von Langtrieben. Charakteristisch dafür sind die weiten Abstände zwischen den Knospen. Deshalb werden sie umgangssprachlich als „Wasserschoss" bezeichnet.

Kurztriebe tragen wesentlich zur Blüten- und Fruchtbildung bei. Sie sind aber auch gleichzeitig wieder der Ausgangspunkt für die Bildung neuer Langtriebe, wenn man auf sie zurückschneidet (Ringelspieß). Dieser Kurztrieb, beim Steinobst auch „Bukettspross" genannt, besitzt viele Blütenknospen, die wie ein Strauß angeordnet sind. In der Mitte sitzt eine Blattknospe, die sich durch den Rückschnitt des Zweiges bis zum Bukettspross zum Langtrieb entwickelt.

Auch beim Kernobst finden wir Kurztriebe, die mit zunehmendem Alter gebildet werden. Sie werden als „Quirlholz" bezeichnet. Je besser die Belichtung dieser kurzen Fruchttriebe ist, desto länger sind sie leistungsfähig und bringen qualitativ gutes Obst hervor. Das wird besonders bei Spalierformen deutlich.

Für die Kronenerziehung ist weiterhin das Erkennen der sogenannten Konkurrenztriebe von Bedeutung. Sie stehen in Konkurrenz zum fortführenden Trieb im Verzweigungssystem. Insbesondere zum senkrecht stehenden Mitteltrieb, der Stammverlängerung, sind Konkurrenztriebe unbedingt zu entfernen. Belässt man sie, würde sich in der weiteren Entwicklung des Baumes eine Doppelkrone entwickeln, da durch die senkrechte Stellung beider Triebe die Wuchskraft gleich stark ist.

Fruchtkuchen mit Ringelspieß

Bukettspross beim Steinobst

Bildung eines Langtriebes aus einem Bukettspross

Der Pfirsich und die Nektarine unterscheiden sich von den anderen Obstarten in der Ausprägung der Triebe, wobei verschiedene Triebformen unterschieden werden müssen. Die Fruchtbildung findet an „wahren“ und „falschen“ Fruchttrieben statt. Gute Fruchtqualitäten erreicht man aber nur von den „wahren“ Fruchttrieben.

Die „wahren“ Fruchttriebe erkennt man daran, dass eine schlanke Blattknospe von einer oder zwei rundlichen Blütenknospen flankiert ist.

„Falsche“ Fruchttriebe besitzen über ihre Länge nur Blütenknospen. Lediglich die Basisknospen und die Spitzenknospe sind Blattknospen. Bei dieser Triebform stehen zu wenige Blätter für die Fruchternährung zur Verfügung.

Die dritte Triebform ist der Holztrieb, der ausschließlich mit Blattknospen besetzt ist. Er ist aber für die Bildung neuer „wahrer“ Fruchttriebe von Bedeutung.

Knospen

Die Knospen oder auch Augen genannt, unterscheidet man in Blatt- und Blütenknospen. Befinden sich Knospen

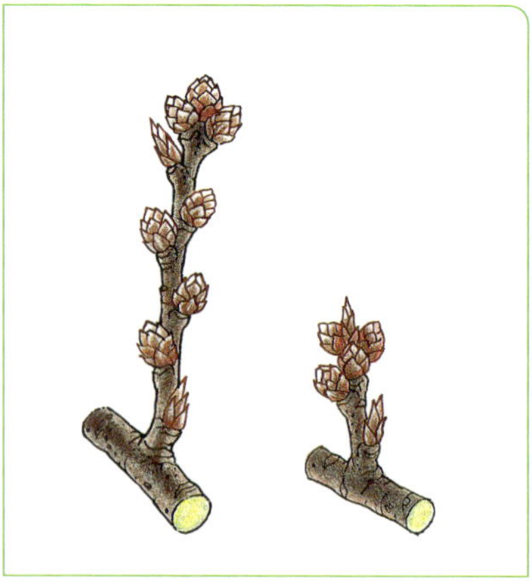

Triebformen beim Pfirsich

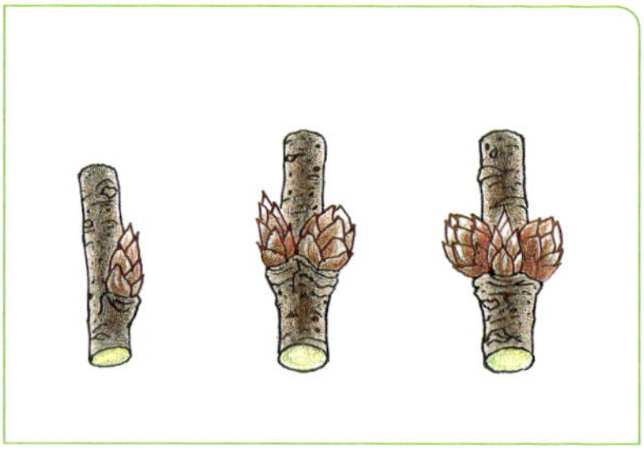

Knospenarten beim Pfirsich

in Blattachseln, sind es Seitenknospen. Beendet eine Knospe die Triebspitze, spricht man von einer Spitzen- oder Terminalknospe. Sowohl Seiten- als auch Spitzenknospe können eine Blatt- oder Blütenknospe sein. Die verschiedenen Obstarten unterscheiden sich in der Knospenart. Das hat einen Einfluss auf die Ertragsbildung und somit auch auf die Schnittmaßnahme. Mancher Gartenfreund schneidet sich durch eine gewisse Unkenntnis jährlich regelrecht den Ertrag weg.

Knospenarten: Seitenknospen, Endknospe

Blütenbildung

Die Kenntnis über die Orte des Blühens und Fruchtens unserer Obstgehölze sind ganz entscheidend für den richtigen Gehölzschnitt. Wer mit wachem Auge durch Gartenanlagen geht, sieht sehr oft Obstgehölze, denen ein regelrechter Bürstenschnitt verpasst wurde. Das heißt, die im Vorjahr gebildeten Langtriebe wurden um ein oder gar zwei Drittel eingekürzt. Damit hat man im Prinzip den Ertrag der kommenden Jahre weggeschnitten. Das Gehölz wird nur immer wieder zum Wachstum angeregt, es werden aber keine Blütenknospen gebildet.

Richtig ist es, Langtriebe nur zu vereinzeln und in eine mehr waagerechte Stellung zu bringen. Dadurch wird die Blütenbildung gefördert.

Beim Apfel werden die Blütenknospen an der Spitze des Neuwuchses gebildet. In der Regel handelt es sich dabei um kürzere Triebe. Die meisten und qualitativ wertvollsten Früchte werden am zweijährigen Holz, den Fruchtspießen und Fruchtruten, gebildet. Aus den Fruchtspießen entwickelt sich mit zunehmendem Alter das

Der Kurztrieb endet mit einer Blütenknospe

Blütenzweig einer Quitte

Quirlholz. Es ergibt jedoch auf Dauer nur minderwertige Früchte.

Die Blüten- und Fruchtbildung der Birne entspricht weitestgehend der des Apfels. Allerdings werden bei der Birne auch vom älteren Quirlholz noch gute Fruchtqualitäten geerntet.

Die Quitte ist das am spätesten blühende Kernobst. Ihre Blüten erscheinen etwa Ende Mai und befinden sich an der Spitze von Kurz- und Langtrieben. Interessant ist bei dieser Obstart, dass zuerst aus der Knospe ein grüner Trieb mit drei bis vier Laubblättern erscheint, an dessen Ende sich eine einzelne Blütenknospe befindet. Die Blütenblätter sind zu einer spitzen Tüte zusammengerollt.

Bei der Süßkirsche fallen die Bukettsprosse als Orte des Blühens und Fruchtens auf. Bukettsprosse entwickeln sich aus Seitenknospen zweijähriger Langtriebe. Beim Bukettspross sind um eine Blattknospe herum viele Blütenknospen angeordnet. Die Blattknospe treibt jedes Jahr aus, sodass der Bukettspross jährlich um einige Millimeter wächst. Außerdem werden bei der Süßkirsche auch an der Basis einjähriger Langtriebe Blütenknospen gebildet.

Die meisten Sauerkirschensorten, beispielsweise die ‘Schattenmorelle’, tragen fast ausschließlich an einjährigen Langtrieben. Bis auf die Spitzenknospe als Blattknospe sind alle Seitenknospen Blütenknospen. Das hat zur Folge, dass nach der Ernte der Früchte der Trieb über seine gesamte Länge verkahlt und weiteres Wachstum zu der bekannten Peitschenbildung führt. Durch jährliche Schnittmaßnahmen muss für eine ausreichende Neutriebbildung gesorgt werden.

Sorten wie ‘Morina’, ‘Karneol’, ‘Ungarische Traubige’ und ‘Safir’ dagegen tragen auch an Bukettsprossen sowie an einjährigen Langtrieben.

Bukettsprosse mit zahlreichen Blütenknospen, die um eine Blattknospe angeordnet sind

Dreijähriger Zweig, an dem sich nur an den einjährigen Bereichen Knospen befinden

Pflaumen, Zwetschen und Mirabellen sowie die Aprikose bilden Blüten seitlich an Lang- und Kurztrieben. Im Unterschied zur Sauerkirsche befinden sich aber auch Blattknospen an diesen Langtrieben, sodass es zu keiner Verkahlung kommt. Außerdem tragen Bukettsprosse zur Fruchtbildung bei.

Beim Pfirsich und der Nektarine werden Blütenknospen an Langtrieben sowie an Bukettsprossen gebildet. Bei den Langtrieben muss man jedoch die „falschen" und die „wahren" Fruchttriebe unterscheiden.

Die Blüten der Schwarzen Johannisbeere werden am einjährigen Langtrieb gebildet. Die Höhe des Fruchtertrages hängt somit von der Intensität des Wachstums dieser Langtriebe ab. Bodentriebe haben weniger Blütenknospen als solche, die aus älterem Holz hervorgehen. Rote und Weiße Johannisbeeren blühen und fruchten vornehmlich an Kurztrieben sowie in geringem Umfang an der Basis einjäh-

Ein mehrjähriger Zweig bildet ungeschnitten eine typische Peitsche

Pflaumenbaum in Vollblüte

Blüten der Johannisbeere

Fruchttrieb der Brombeere

riger Langtriebe. Bei der Stachelbeere werden Blüten an kräftigen einjährigen Langtrieben sowie an stachellosen Kurztrieben gebildet. Mit zunehmendem Alter der Kurztriebe lässt die Fruchtbarkeit nach.

Die Brombeere blüht und fruchtet an den im Vorjahr gewachsenen Ruten. Aus den Blattachseln der Ruten treiben Kurztriebe aus, welche die Blüten tragen. Bei der Himbeere unterscheiden wir zwischen denen, die im Sommer reifen, und denen, die im Herbst reifen. Sommerhimbeeren tragen an vorjährig gebildeten einjährigen Ruten. Die Blüten- und Fruchtbildung der Herbsthimbeeren dagegen erfolgt an den Trieben, die bereits in demselben Jahr gewachsen sind.

Kiwis bilden Blüten an der Basis einjähriger Triebe, die aus zweijährigen Trieben hervorgegangen sind. Kräftige Sommertriebe müssen deshalb während der Vegetationszeit eingekürzt werden, damit die Basisknospen zu Blütenknospen umgewandelt werden.

Schnittgesetze

Jede Schnittmaßnahme an einem Gehölz wirkt sich auf die Anzahl und Stärke des Austriebes aus. Deshalb sind die Gesetze der Schnittwirkung zu beachten und bevor man einen Trieb oder Ast weg- oder zurückschneidet, muss man sich über die Reaktion des Gehölzes bewusst sein.

1. Schnittwirkungsgesetz
Durch einen starken Rückschnitt der gesamten Krone wird ein kräftiger, aber zahlenmäßig geringer Austrieb bewirkt.

2. Schnittwirkungsgesetz
Ein schwacher Rückschnitt der gesamten Krone bewirkt einen schwachen, aber zahlenmäßig großen Austrieb.

3. Schnittwirkungsgesetz
Wird in einer Krone ein Teil stark und der andere Teil schwach zurückgeschnitten, so kehren sich die Wirkungen um. Der schwach geschnittene Teil treibt stärker, der stark geschnittene Teil schwächer aus. Die durch den Schnitt verursachte Asymmetrie der Krone wird verstärkt.

Reaktion des Obstbaumes auf die Art und Stärke des Rückschnittes: Der stark zurückgeschnittene Baum treibt mit wenigen, aber starken Zweigen neu aus

Reaktion des Obstbaumes auf die Art und Stärke des Rückschnittes: Der schwach zurückgeschnittene Baum bildet viele, aber schwächere Triebe neu aus

Reaktion des Obstbaumes auf die Art und Stärke des Rückschnittes: Der ungleich geschnittene Baum treibt auf der wenig angeschnittenen Seite stärker, da hier die Äste höher enden; seine Form gerät außer Kontrolle

Triebförderungsgesetze

Die Stellung eines Triebes oder auch Verzweigungssystems innerhalb der Krone bewirkt eine unterschiedliche Förderung der Knospen in ihrem Austrieb. Prinzipiell muss gesagt werden, dass durch den Saftstrom immer diejenigen Knospen im Austrieb gefördert werden, die am weitesten nach oben angeordnet sind. Diese Triebförderungsgesetze sind bei Schnittmaßnahmen unbedingt zu beachten.

1. Spitzenförderung
Bei einer senkrechten Stellung des Triebes wird besonders die Spitzenknospe (Terminalknospe) im Austrieb gefördert. Etwas geringer trifft dies auch für die zwei bis drei darunter befindlichen Knospen zu. Die Spitzenförderung bleibt auch beim Rückschnitt des Triebes erhalten.

2. Triebspitzen und Außenseitenförderung
Hat der Trieb eine schräg nach oben gerichtete Stellung, werden sowohl die Spitzenknospen als auch die an der Außenseite befindlichen Knospen gefördert. Die Stärke des Austriebes aus den Spitzenknospen ist gegenüber der Spitzenförderung vermindert.

3. Oberseitenförderung
Bei waagerechter Stellung der Triebe werden die auf der Trieboberseite befindlichen Knospen gefördert. Die Austriebe sind von der Basis des Triebes bis zur Spitze relativ gleich stark.

4. Scheitelpunktförderung
Bei bogenförmig gebundenen Trieben, bei denen sich Basis und Spitze des Triebes in einer Ebene befinden, werden die Knospen auf dem höchsten Punkt gefördert. Basis- und Spitzenknospen bleiben in ihrer Entwicklung zurück.

5. Basisförderung
Stark nach unten gebogene Triebe erfahren an ihrer Basis den kräftigsten Austrieb. Natürlicherweise ist dieser Effekt bei reichem Fruchtbehang zu beobachten.

Je nach Stellung des Triebes werden die Knospen im Austrieb gefördert

Baum- und Erziehungsformen

Spindel, Busch, Niederstamm, Halbstamm und Hochstamm sind Baumformen, deren Erscheinung bereits durch die Anzuchtmethode in der Baumschule geprägt wird. Eine Spindel kennzeichnet eine durchgängige senkrechte Mittelachse, von der spindelförmig angeordnete Seitentriebe abgehen. Die anderen genannten Baumformen unterscheiden sich in ihrer freien Stammlänge. Beim Busch sind Stammlängen von 40 bis 60 cm üblich. Beim Niederstamm bewegt sich dieses Maß zwischen 80 und 100 cm. Der Halbstamm hat eine Stammlänge von 160 cm und beim Hochstamm beginnt die Krone erst bei 180 cm. Bei diesen Baumformen wird die Krone durch Gerüstäste gebildet. Die Spindelerziehung kann mit Gerüstaststummeln, Gerüstästen oder auch ohne solche praktiziert werden.

Der Erziehung der Obstgehölze in den verschiedenen Formen sind fast keine Grenzen gesetzt. Sie reicht von einer mehr Obstart typischen, naturbelassenen bis zur streng formierten Kronenerziehung. Obstgehölze auf Streuobstwiesen weisen einen natürlichen Kronenaufbau auf. Im Intensivanbau sind Gehölze durch eine geringere Baumhöhe und Kronenausdehnung charakterisiert, damit werden Kulturmaßnahmen und Schnitt optimiert. Sehr intensiv in der Erziehung und auch späteren Unterhaltung sind alle Formen der Spaliererziehung. Sie reichen vom senkrechten Schnurbaum über die U-Form bis hin zu den verschiedensten Varianten der Palmetten, z. B. Verrier-Palmette.

Das Beerenobst (Johannisbeere und Stachelbeere) kann in der Baumschule unterschiedlich herangezogen werden. Hier unterscheiden wir den Busch (Strauch) mit mindestens drei bis vier Trieben sowie das Fußstämmchen mit einer Stammlänge von etwa 30 cm und den Beerenobststamm mit 100 cm Stammlänge. Während der Busch sowie das Fußstämmchen über Abrisse oder Steckholz herangezogen werden, ist der Beerenobststamm veredelt.

Himbeeren und Brombeeren erhalten wir als Ruten, die in der Baumschule bereits meist auf etwa einen Meter Länge geschnitten sind. Am Wurzelbereich befinden sich Adventivknospen, die im Frühjahr nach der Pflanzung zu neuen Ruten austreiben.

Kiwis sind zweihäusige Pflanzen (männliche und weibliche) und werden unveredelt oder veredelt als Containerware angeboten. Das heißt, beide Partner sind gemeinsam im Container gepflanzt oder gemeinsam auf einer Unterlage veredelt. Problematisch ist, dass die Wuchsstärke der männlichen Kiwi deutlich über derjenigen der weiblichen Pflanze liegt.

Das hat zur Folge, dass die weibliche Pflanze später unterdrückt wird und im schlimmsten Fall abstirbt. Gemeinsam gepflanzte Kiwis im Container sollten deshalb getrennt am Standort gepflanzt werden. Bei veredelten Kiwis ist der männliche Teil im Wachstum zu bremsen. Er ist im Ertragsalter nur als Pollenspender zu betrachten und kann nach der Blüte stark zurückgeschnitten werden.

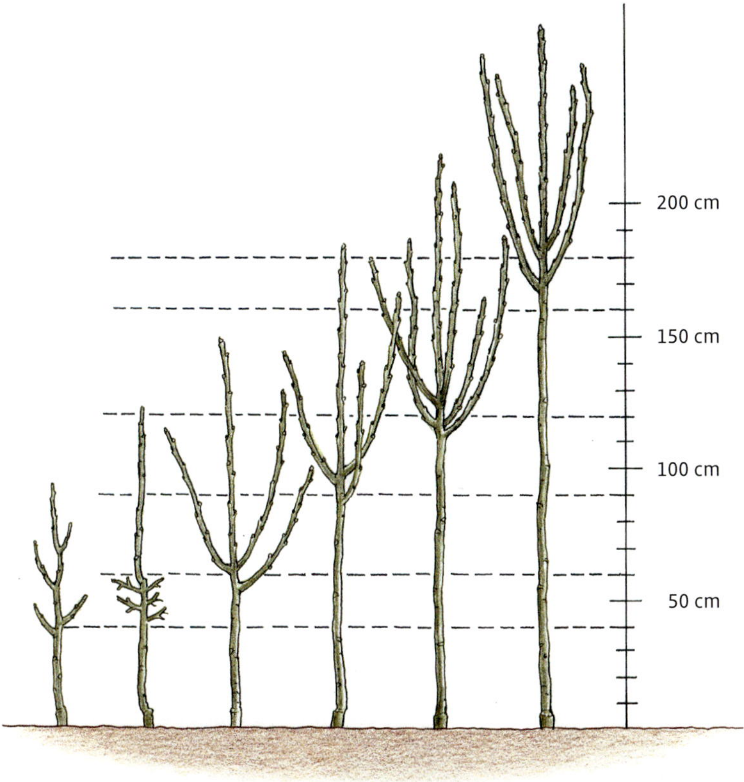

Baumformen unterscheiden sich besonders in der Stammlänge

Obstunterlagen

Die Verwendung von Obstunterlagen bietet Vorteile hinsichtlich des Einflusses auf die Wuchskraft der Obstsorte selbst und damit verbunden auf den Zeitraum bis zum Ertragseintritt. Allgemein kann man deshalb sagen, je stärker ein Obstgehölz wächst, desto später setzt der Ertrag ein. Das Lebensalter wird ebenfalls durch die Unterlage beeinflusst. Gehölze auf schwach wachsenden Unterlagen haben eine Lebensdauer von etwa 15 bis 20 Jahren. Auf stark wachsenden Sämlingsunterlagen kann die Lebenserwartung über 50 Jahre erreichen.

Mit der richtigen Unterlagenwahl können aber auch unterschiedliche Bodenverhältnisse (Wuchskraft des Bodens oder Kalkgehalt) ausgeglichen werden. Für die meisten Obstarten stehen schwach, mittelstark und stark wachsende Unterlagen zur Verfügung. Je kräftiger ein Boden ist, desto geringer muss die Wuchskraft der Unterlage sein. Bei leichteren, sandigen Böden muss die Unterlage stärker wachsend sein.

Apfelunterlagen

Die Apfelunterlagen finden Sie in unten stehender Tabelle.

Birnenunterlagen

Die Birnenunterlage Quitte EM A (Quitte d'Angers) wird am häufigsten

Tab. 1 Apfelunterlagen

Unterlage	Wuchsstärke	Bodenanspruch	Besonderheiten
Malus 9	schwach	nährstoffreiche, mittelschwere bis schwere Böden	Ein Baumpfahl ist zeitlebens erforderlich. Die schnelle Vergreisung erfordert jährlichen Schnitt. Frühzeitiger Ertragseintritt.
MM 106	schwach bis mittelstark	für alle Böden geeignet, keine Staunässe	Ausreichende Standfestigkeit. Früher Ertragseintritt und gute Fruchtqualität.
Malus 26	mittelstark	mindestens mittlere Böden	Ein Baumpfahl ist zeitlebens erforderlich. Frühzeitiger Ertragseintritt.
Malus 11	stark	für alle Bodenarten geeignet	Hohe Standfestigkeit. Später Ertragseintritt. Bewirkt kleinere Früchte mit geringerer Ausfärbung.
A 2 (Sämling)	sehr stark	für alle Bodenarten geeignet	Hohe Standfestigkeit. Sehr später Ertragseintritt. Bewirkt kleinere Früchte mit geringerer Ausfärbung.

Natürliche Kronenentwicklung bei Bäumen einer Streuobstwiese

Einfluss der Obstunterlage auf die Wuchsstärke des Gehölzes (nach: „Der Obstbaum", Fischer Verlag, verändert)

Süßkirschensorte 'Kordia' auf einer schwach wachsenden Unterlage

Süßkirschensorte 'Kordia' auf Prunus avium F 12/1

verwendet. Etwas schwächer wachsend ist Quitte Adams. Für Halb- und Hochstämme werden vorrangig Sämlingsunterlagen verwendet. Da es bei einigen Birnensorten Unverträglichkeit mit der Quittenunterlage gibt, wird beispielsweise 'Gellerts Butterbirne' als Zwischenveredlung eingesetzt.

Quittenunterlagen

Die Quitten werden auf Quitte EM A (Quitte d'Angers) oder auch Quitte Adams veredelt.

Süßkirschenunterlagen

Früher wurden am häufigsten Sämlinge der Vogelkirsche *Prunus avium* als Unterlage für Süßkirschen verwendet. Diese Unterlage bewirkt ein sehr starkes Wachstum und dementsprechend einen sehr späten Ertragseintritt. Durch intensive Züchtungsarbeit gibt es heute für die Süßkirsche Unterlagen, die das Wachstum mindern und den Zeitraum bis zum Ertragseintritt erheblich verringern. Es ist aber zu beachten, dass diese Unterlagen ein flacher verlaufendes Wurzelsystem als *Prunus avium* haben und dementsprechend auch höhere Ansprüche an den Boden stellen sowie eine höhere Wasserbedürftigkeit besitzen.

- *Prunus avium*: sehr stark wachsend, Winterfrost verträglich, verträglich mit allen Sorten, sehr später Ertragseintritt,
- *Prunus avium* F 12/1: stark wachsend, Wuchsstärke etwa 10 % geringer als *Prunus avium*, Winterfrostverträglichkeit etwas geringer, später Ertragseintritt,
- 'Colt': Wachstum etwa 30 % geringer als *Prunus avium*, ausreichende Frosthärte, frühzeitiger Ertragseintritt, neigt zu Wurzelschossern.

- 'PiKu 1': Wachstum etwa 30 bis 40 % geringer als *Prunus avium*, frosthart, gute Standfestigkeit frühzeitiger Ertragseintritt, Ertragsanstieg etwas langsamer als 'GiSelA 5',
- 'GiSelA 5': Wachstum etwa 40 % geringer als *Prunus avium*, frühzeitiger Ertragseintritt, geringe Standortansprüche, Unverträglichkeiten bisher nicht bekannt,
- 'Weiroot 158': Wachstum etwa 40 bis 50 % geringer als *Prunus avium*, frosthart, gedeiht auch auf trockenen, gut belüfteten Böden, Unverträglichkeiten bisher nicht bekannt, es kann zur Wurzelschosserbildung kommen.

Sauerkirschenunterlagen

Bei Sauerkirschen haben nach wie vor die Unterlagen *Prunus avium* (Vogelkirschensämling) und *Prunus mahaleb*, die Steinweichsel, die größte Bedeutung. Bei deren Wahl muss unbedingt auf die Bodenbedingungen geachtet werden. *Prunus avium* verlangt kräftige Böden mit ausreichender Feuchtigkeit, während *Prunus mahaleb* bevorzugt für leichte Böden geeignet ist. Sauerkirschen werden aber auch auf schwach wachsenden Süßkirschenunterlagen veredelt.

Pflaumenunterlagen

Die früher verwendeten Typenunterlagen, wie 'Schwammborn 103', *Prunus* 'Ackermann' (Marunke), *Prunus* 'Große Grüne Reneklode', *Prunus* 'Weiße Myrobalane' – Pfälzer Typ, sowie die Sämlingsunterlagen *Prunus* 'Brompton', *Prunus* 'Myrobalane', *Prunus* 'Große Grüne Reneklode' und *Prunus* 'Wangenheim' haben weitestgehend an Bedeutung verloren. Lediglich Sämlinge der sehr stark wachsenden 'Myrobalane' und der stark wachsenden 'St. Julien A' haben noch eine gewisse Anbaubedeutung.

In der Praxis haben vor allem Unterlagen aus der Züchtung des INRA-Institutes in Bordeaux Eingang gefunden:

- *Prunus* 'Marianna GF 8/1': Wuchs stark, geringe Frosthärte, Ertragseintritt ist früh, gute Anpassung an unterschiedliche Bodenverhältnisse, geringe Wurzelschosserbildung, unverträglich mit Renekloden.
- 'St. Julien GF 655/2': Wachstum etwa 30 % schwächer als 'Myrobalane', ausreichende Frosthärte, sehr früher Ertragseintritt, benötigt nährstoffreiche und gut dränierte Böden, Wurzelschosserbildung ist im gesamten Wurzelbereich möglich.
- *Prunus*-Hybride 'Fereley': Wachstum etwa 40 % schwächer als 'Myrobalane', ausreichende Frosthärte, sehr früher Ertragseintritt, besonders für schwere Böden geeignet, Wurzelschosserbildung nur im Stammbereich.

Aprikosenunterlagen

Für leichtere Böden sind die Aprikosensämlinge der Sorten 'Hinduka' oder 'Millionär' sowie die Pflaumenunterlage *Prunus* 'Marianna GF 8/1' geeignet. Für alle anderen Böden kann 'St. Julien GF 655/2' verwendet werden.

Pfirsichunterlagen

Bei Pfirsich wird für leichtere Böden der Pfirsichsämling, für alle anderen Böden 'St. Julien GF 655/2' verwendet.

Sauerkirsche auf **Prunus mahaleb** *veredelt*

Sauerkirsche auf **Prunus avium** *veredelt*

Bäume der stark wachsenden Pflaumenunterlage **Prunus** *'Marianna GF 8/1'*

Bäume der mittelstark wachsenden Unterlage 'St. Julien GF 655/2'

Schnittarten

In Abhängigkeit vom Baumalter und von der Obstart unterscheiden wir verschiedene Schnittarten.

Pflanzschnitt

Der Pflanzschnitt ist für die Herstellung des Gleichgewichtes zwischen Wurzel und Krone erforderlich. Durch den relativ starken Rückschnitt wird ein kräftiger Austrieb erzielt, der für den weiteren Erziehungsschnitt von Bedeutung ist. Zum Pflanzschnitt gehört auch der Schnitt an Wurzeln, sofern diese Beschädigungen aufweisen. Bei Containergehölzen entfällt der Wurzelschnitt. Zu beachten ist aber, dass die Wurzeln im Container nicht im Kreis gewachsen sind. Wenn das der Fall ist, müssen sie unbedingt nach außen gezogen werden, da sie sonst am Standort weiter im Kreis wachsen würden. Das hätte Ernährungsstörungen zur Folge.

Der Pflanzschnitt ist entsprechend der zukünftigen Erziehungsart vorzunehmen. Bei der Erziehung als Busch, Nieder-, Halb- oder Hochstamm gibt es keine Unterschiede beim Rückschnitt der Triebe für die zukünftige Krone. Es gibt nur den Unterschied zu verschieden in der Baumschule gewachsenen jungen Kronen. Diese können mit oder ohne Stammverlängerung gewachsen sein. Grundsätzliche Zielstellung ist es, die Anzahl der Seitentriebe auf drei bis vier zu reduzieren. Sie sind der Beginn für den Aufbau der zukünftigen Gerüstäste, die zeitlebens des Gehölzes erhalten bleiben. Diese Seitentriebe sind auf ein nach außen gerichtetes Auge zu kürzen. Dabei richtet man sich nach dem schwächsten beziehungsweise kürzesten Trieb. Im Endeffekt müssen alle zurückgesetzten Triebe in einer Ebene, der sogenannten „Saftwaage“ enden. Wenn eine Stammverlängerung vorhanden ist, wird diese beim Rückschnitt etwa eine Scherenlänge höher belassen, als die Seitentriebe enden. Beim Rückschnitt der Stammverlängerung ist darauf zu achten, dass das Auge, auf welches zurückgeschnitten wird, sich auf der dem Wind zugewandten Seite befindet. Anderenfalls kann der sich entwickelnde Trieb bei Windeinfluss ausbrechen. Obstgehölze, die in Form einer Spindel erzogen werden sollen, werden nicht so streng geschnitten. Hier gilt es, vorrangig eine freie Stammlänge von etwa 60 bis 70 cm herzustellen. Alle danach verbleibenden Triebe werden durch

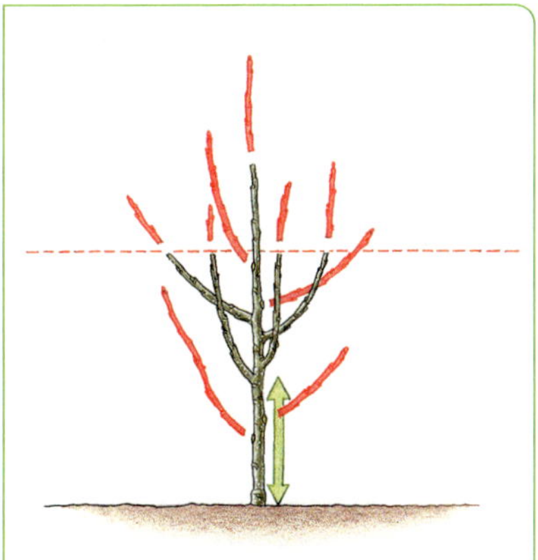

Pflanzschnitt für eine pyramidale Kronenform

Pflanzschnitt für einen Schnurbaum

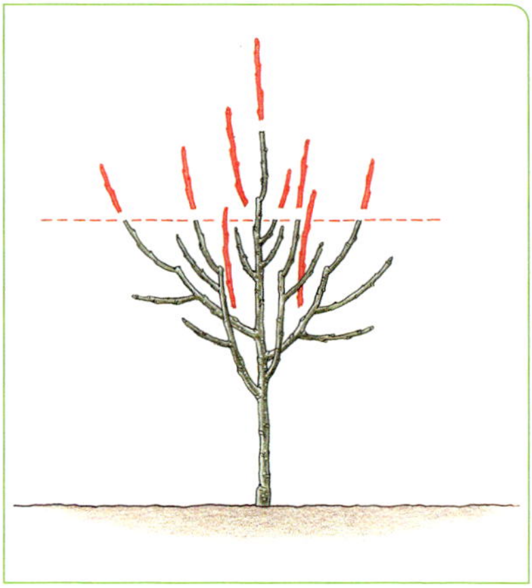

Erziehungsschnitt bei pyramidaler Kronenform

geeignete Maßnahmen mehr waagerecht gestellt. Die Stammverlängerung wird nicht zurückgeschnitten.

Erziehungsschnitt

Er dient zur Erziehung der zukünftigen Krone. Durch den Rückschnitt der einjährigen Triebe muss eine gute Verzweigung der jungen Krone erreicht werden. Es gilt der Grundsatz: Je schwächer das Wachstum, desto stärker der Rückschnitt und je stärker das Wachstum, desto geringer der Rückschnitt. Es ist immer auf ein nach außen gerichtetes Auge zu schneiden. Weiterhin müssen alle ins Kroneninnere wachsende Triebe sowie Triebe, die sich gegenseitig behindern, an ihrer Basis entfernt werden. Der Erziehungsschnitt der Krone, oder an Teilen von ihr, ist erst beendet, wenn der Ertrag einsetzt. Bei großen Kronen wird im unteren Bereich, bedingt durch die Fruchtbildung, bereits der Erneuerungsschnitt beziehungsweise der Fruchtholzschnitt erforderlich sein, während im oberen Bereich noch die Erziehung fortzusetzen ist.

Bei der Spindelerziehung muss alle Wuchskraft in die senkrechte Mittelachse geleitet werden. Seitentriebe werden nicht eingekürzt. Konkurrenz-

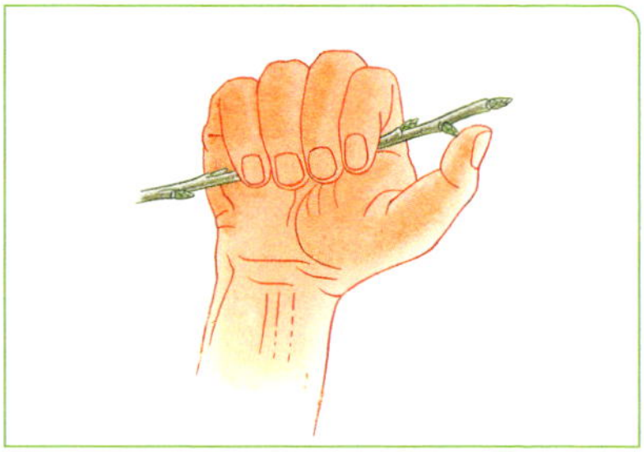

Ausbrechen einer Konkurrenzknospe

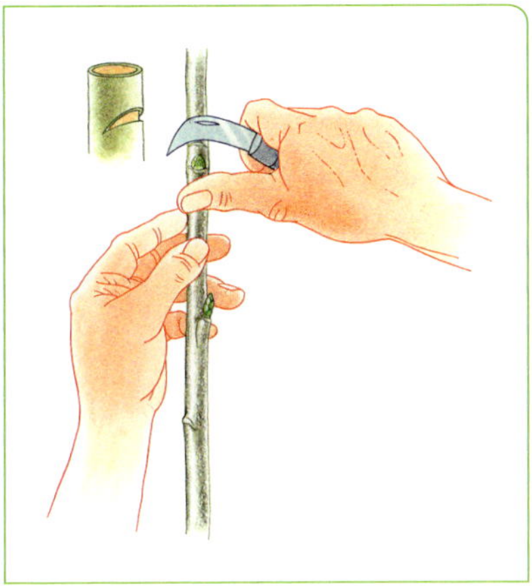

Das Kerben über einer Knospe fördert das Austreiben zum Langtrieb

Erhaltungsschnitt im unteren Bereich der Krone – im oberen Bereich wird die Erziehung noch fortgesetzt

knospen bricht man aus. Bei zu geringem Triebzuwachs sind Seitentriebe in etwa im Winkel von 45° hochzubinden. Entwickeln sich an der Stammverlängerung zu wenige Seitentriebe, kann über Seitenknospen das Kambium gekerbt werden.

Erhaltungsschnitt

Der Erhaltungsschnitt ist auf die Beibehaltung des Gleichgewichtes zwischen Ertrag und Neutriebbildung gerichtet. Vor allem im Kroneninneren soll die Fruchtbarkeit erhalten werden. Dafür ist eine ausreichende Belichtung der gesamten Krone erforderlich. Gelangt zu wenig Licht in die Krone, hat das Fruchtholz nur eine kurze Lebenserwartung. Zielstellung bei diesen Schnittmaßnahmen: Die Krone muss luftig gehalten werden. Es gilt immer noch der alte Spruch: „Nach dem Schnitt muss der Hut oder die Mütze des Gärtners durch die Krone passen." Überaltertes Fruchtholz wird durch neue Triebe ersetzt. Bei Obstarten, die am einjährigen Langtrieb fruchten, beispielsweise die Sauerkirsche, müssen abgetragene Fruchttriebe durch Neutriebe ersetzt werden. Beim Kernobst, welches vorrangig am Kurzholz trägt, werden abgetragene Fruchtäste durch günstig stehende Langtriebe ersetzt. Der häufigste Fehler beim Erhaltungsschnitt besteht im alleinigen Rückschnitt der im Vorjahr gewachsenen Triebe. Dadurch regt man nur den erneuten Austrieb der Augen unterhalb der Schnittstelle an. Es kommt zu Besenwuchs und die Fruchtbildung bleibt aus.

In Abhängigkeit von der Obstart wird entweder ein sogenannter Fruchtastumtrieb oder, wie speziell beim

Pfirsich, ein Fruchtholzschnitt durchgeführt. In jedem Fall aber wird nicht mehr leistungsfähiges oder abgetragenes Fruchtholz durch junges Fruchtholz ersetzt.

Verjüngungsschnitt

Das Obstgehölz lässt mit zunehmendem Alter in seiner Leistungskraft, Ertrag und ausreichend Neuwuchs hervorzubringen, nach. Der Rückschnitt ins Altholz bzw. das Kronengerüst bewirkt kräftigen Neuwuchs in großer Zahl. Die Krone wird in ihrer Ausdehnung verringert. Die nach außen gewanderte Ertragszone wird wieder zum Kroneninneren zurückgeführt.

Der sehr starke Rückschnitt der Krone ist in zeitlichen Etappen durchzuführen, denn die Maßnahme regt eine starke „Wasserschosserbildung“ an. Diese Wasserschosse müssen im Folgejahr vereinzelt und die verbliebenen in eine mehr waagerechte Stellung gebracht werden. Deshalb ist es ratsam, erst die Kronenhöhe zu begrenzen und zwei Jahre später das Gehölz in seiner Breite einzuschränken.

Im Rahmen des Verjüngungsschnittes kann auch die Kronenform umgestellt werden. Aus einer pyramidalen Krone mit Stammverlängerung lässt sich durch Heraussägen dieser eine Hohlkrone herstellen.

Total verjüngter Baum mit belassenen Zugästen

Grundsätzlich ist auch eine Totalverjüngung möglich, wobei die gesamte Krone bis auf verbleibende Gerüstaststümpfe zurückgeschnitten wird. Dabei ist jedoch zu beachten, dass an den Gerüstaststümpfen sogenannte „Zugäste“ erhalten bleiben. Diese sind für die Bildung von Assimilaten und die Aufrechterhaltung des Transpirationsstromes verantwortlich.

Schnittzeiten

Schnittmaßnahmen wirken in Abhängigkeit von der Jahreszeit unterschiedlich auf den Austrieb. Ein im Winter oder im zeitigen Frühjahr geschnittenes Gehölz wird vergleichsweise kräftiger austreiben, als ein im Sommer geschnittenes. Auf diese Weise kann das Triebwachstum reguliert werden.

Winterschnitt

Obstgehölze reagieren unterschiedlich auf den Schnitt während der vegetationslosen Zeit. Das gilt insbesondere für die Verträglichkeit tieferer Temperaturen nach dem Schnitt. Die verschiedenen Obstarten haben ein differenziertes natürliches Vermögen, Schnittwunden zu verheilen. So vertragen Kern- und Beerenobst den Schnitt während dieser Jahreszeit weitaus besser als Steinobst. Vorteil des Schnittes zu dieser Zeit ist die gute Übersicht über die gesamte Krone, sodass die geringsten Schnittfehler unterlaufen.

Tab. 2 Schnittzeiten und Einfluss auf das Wachstum

Monat	Obstart	Reaktion des Baumes	
		Wuchsminderung	Wuchsförderung
Januar	Apfel, Birne		→
Februar	Apfel, Birne		→
März	Apfel, Birne, Süßkirsche, Sauerkirsche, Pflaume, Aprikose		→
April	Pfirsich (Fruchtholzschnitt)	←	
Mai	Pfirsich (Fruchtholzschnitt)	←	
Juni		←	
Juli	Süßkirsche	←	
August	Süßkirsche, Sauerkirsche, Pfirsich, Aprikose	←	
September	Sauerkirsche, Pflaume	←	
Oktober			
November	Apfel, Birne		→
Dezember	Apfel, Birne		→

Sommerschnitt

Der Grundgedanke des Sommerschnittes und der sommerlichen Laubarbeiten liegt darin, dass während der Vegetationszeit durch das Gehölz weitaus mehr Triebe erzeugt werden, als zur Fruchtbildung und weiteren Kronengestaltung überhaupt notwendig sind. Diese Triebe müssten während der Schnittperiode im Winter oder zum Winterausgang entfernt werden.

Triebe, die ohnehin nicht benötigt werden, sind bereits im krautigen, das heißt noch nicht verholzten Zustand, zu entfernen. Das geschieht durch Herausdrehen oder -reißen. Die so entstandenen Wunden verheilen sehr schnell, da während der Vegetationszeit die Wundkallusbildung am größten ist. Vorteil ist, dass sogenannte schlafende Augen an der Ansatzstelle des Triebes mit entfernt werden.

Die verbliebenen Sommertriebe bringt man in eine mehr waagerechte Stellung.

Allgemein können für den jährlichen Sommerschnitt folgende Vorteile formuliert werden:

- Verbesserung der Belichtungsverhältnisse in der Krone und damit Verbesserung der Blütenknospenbildung für das kommende Jahr.
- In Abhängigkeit vom Schnitt bzw. Behandlungszeitraum kann eine beträchtliche Wachstumsminderung bewirkt werden. Dieser Effekt hat sich besonders bei stark wüchsigen Obstgehölzen, z. B. Süßkirsche,

Der Konkurrenztrieb unterhalb der Stammverlängerung ist herausgerissen

Tab. 3 Zeitraum der Blütenknospendifferenzierung bei den einzelnen Obstarten

Obstart	Zeitraum der Blütenknospendifferenzierung
Rote und Weiße Johannisbeere	letzte Junidekade bis Mitte Juli
Süßkirsche	Ende Juni bis zweite Julidekade
Sauerkirsche	Ende Juni bis Ende Juli
Birne	Anfang Juli bis Anfang August
Aprikose	erste Julidekade bis Ende Juli
Pflaume	erste Julidekade bis erste Augustdekade
Apfel	erste Julidekade bis zweite Augustdekade

als außerordentlich positiv erwiesen.

- Die gesamte Fruchtentwicklung wird positiv beeinflusst in Hinsicht auf Ausfärbung der Früchte, verminderten Krankheitsbefall sowie in die Frucht eingelagerte Inhaltsstoffe.
- Die Kronengestaltung bleibt übersichtlich und erfordert beim Winterschnitt einen verringerten Aufwand.

Waagerechtstellen eines Triebes durch Beschweren

Durch das Ringeln wird das Wachstum vermindert und die Blütenbildung gefördert

Zeitpunkt des Sommerschnittes

Der Zeitpunkt des Sommerschnittes ist für das zu erwartende Ergebnis von Bedeutung. Ein zu frühzeitiges Entspitzen von Sommertrieben bewirkt ein erneutes Austreiben der obersten Knospe, wobei das Längenwachstum bereits etwas eingeschränkt ist. Erneutes Stutzen des Austriebes trägt zur Bildung von Blütenknospen im basalen Bereich des Triebes bei.

Um die Umwandlung von Blatt- und Holzknospen in Blütenknospen zu gewährleisten, darf der Zeitpunkt der Behandlung vor dem Zeitraum der Blütenknospendifferenzierung nicht versäumt werden. Der Effekt der Wuchsbremse durch den Sommerschnitt beruht auf der Tatsache, dass das Triebwachstum eher einsetzt als das Wurzelwachstum. Durch den Sommerschnitt wird also die für das Wurzelwachstum wichtige Assimilationsfläche der Blätter entfernt und das Wurzelwachstum eingeschränkt. Bei mehrjähriger Anwendung kommt es dadurch zur Minderung der Triebkraft des Gehölzes.

Der Sommerschnitt darf jedoch nicht nur als Maßnahme des Entfernens oder Einkürzens von Trieben verstanden werden, er trägt gleichzeitig zur Steigerung der Fruchtbarkeit und Wuchsminderung bei und sollte in dieser Funktion mit weiteren Hilfsmaßnahmen im Einklang stehen.

Zu diesen Hilfsmaßnahmen gehören:

- das Herunterbinden oder Beschweren der Triebe und
- das Ringeln. Es reduziert die Stoffzufuhr zur Wurzel und führt dadurch zum Assimilatestau oberhalb des Ringes. Das Wachstum wird gemindert und die Blüten und Fruchtbildung wird gefördert.

Obstgehölze erziehen und schneiden

Die einzelnen Obstarten werden in ihrer Erziehung und den erforderlichen Schnittmaßnahmen dargestellt.

Apfel

Im Garten sind die Spindelerziehung sowie die Erziehung als Busch geeignete Erziehungsformen, da sie im Alter des Gehölzes einen geringen Standraum benötigen. Ideales Pflanzmaterial zeichnet sich durch einen kräftigen Mitteltrieb mit mehreren Seitentrieben aus. Der Niederstamm ist für größere Hausgärten sowie der Halb- und Hochstamm für Bauerngärten und Streuobstwiesen geeignet. Charakteristisch ist die Kronenerziehung mit Gerüstästen, von denen sich an jüngeren Ästen das Fruchtholz befindet.

Nieder-, Halb- und Hochstamm

Pflanzschnitt

Es werden drei bis vier gut verteilte Seitentriebe ausgewählt und auf Saftwaage geschnitten. Die Stammverlängerung schneidet man etwa eine Scherenlänge darüber ab. Das Auge muss sich auf der dem Wind zugewandten Seite befinden.

Erziehungsschnitt zweites bis fünftes Standjahr

Es muss über mehrere Jahre ein leistungsfähiges Kronengerüst aufgebaut werden. Die Vergrößerung der Krone erreicht man, indem Triebe auf Auslage geschnitten werden und die Astrangordnung eingehalten wird. Der Erziehungsschnitt im oberen Kronenbereich und der Fruchtholzschnitt im unteren Bereich werden dabei parallel angewendet. Grundsätzlich muss eine pyramidale Kronenform eingehalten werden. Der untere Kronenbereich ist breiter als der obere.

Erhaltungsschnitt

Der Baum muss im Gleichgewicht zwischen Ertrag und Wachstum gehalten werden. Senkrecht stehende Triebe sind aus der Krone zu entfernen. In Jahren ohne Ertrag (Alternanzverhalten) entwickeln sich mehr Triebe als erforderlich. Diese sind bereits im Sommer zu vereinzeln, indem überzählige Triebe herausgerissen werden. Einjährige Langtriebe dürfen nicht zurückgeschnitten werden, da bei vielen Apfelsorten die Spitzenknospe eine Blütenknospe ist.

Verjüngungsschnitt
Bei Verlagerung der Ertragszone an die Kronenperipherie kann eine Verjüngung erforderlich werden. Das Gehölz kann sowohl in seiner Höhe als auch in seiner Breite reduziert werden. Günstig ist das Zurücksetzen der Äste im Winkel von etwa 120°. Man kann sich mit Zeigefinger und Daumen beider Hände ein solches Dreieck bilden und die Baumkrone anvisieren. Damit erhält man etwa den Rahmen, in dem

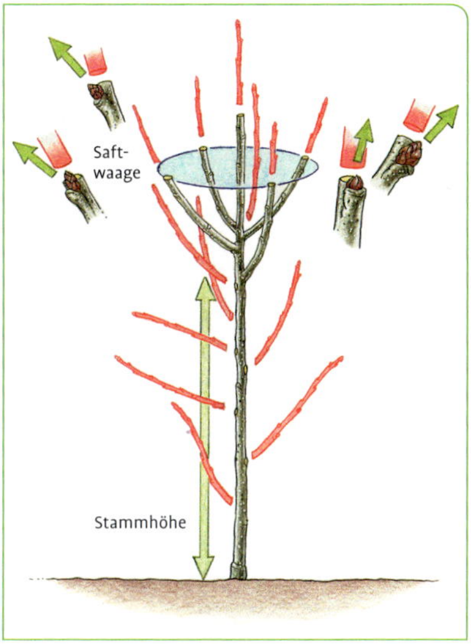

Festlegen der Stammlänge, Auswählen der Gerüstäste, Kürzen der Stammverlängerung und Entfernen des Konkurrenztriebes bei Gehölzen mit Gerüstästen

Schnitt im zweiten Standjahr

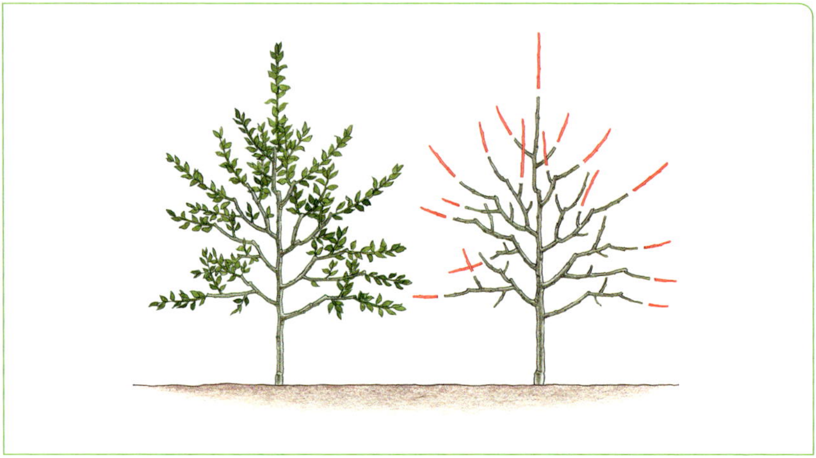

Schnitt im dritten Standjahr

Nach innen ragende und zu dicht wachsende Zweige werden entfernt

Beim Apfeltrieb befindet sich an der Spitze eine Blütenknospe

Ohne Verjüngung sind die Baumkronen nur durch Pflegeschnittmaßnahmen im Gleichgewicht zu halten

die Krone zurückgeschnitten wird. Bei älteren Bäumen mit großen Kronen, wie wir sie auf Streuobstwiesen vorfinden, sollte nicht verjüngt werden.

Busch

Pflanzschnitt

Bei der Erziehung als Busch verfährt man wie bei der Spindel. Allerdings werden die Seitentriebe nicht so flach gestellt, sondern es genügt ein Winkel von 45°, und die Seitentriebe müssen nach ihrem Rückschnitt in einer Ebene enden.

Erziehungsschnitt

Der Erziehungsschnitt als Busch entspricht dem von Nieder-, Halb- und

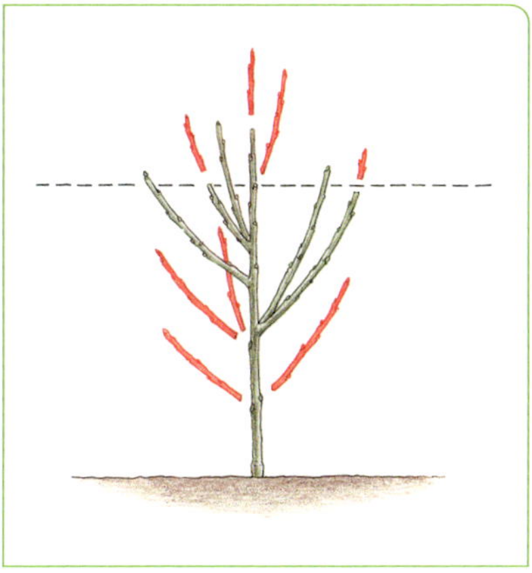

Vorgehensweise beim Pflanzschnitt für die Erziehung als Busch

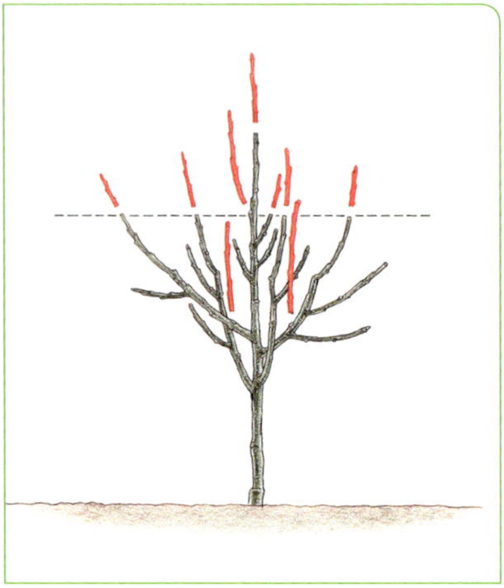

Weiterer Gerüstaufbau bei der Buscherziehung

Hochstämmen. Die Vergrößerung der Krone erreicht man, indem Triebe auf Auslage geschnitten werden und die Astrangordnung eingehalten wird. Die Triebleistung ist aufgrund der geringeren Stammlänge aber größer. Der Rückschnitt der Triebe zur Kronenerziehung sollte deshalb schwächer sein als bei Hoch- und Halbstamm.

Erhaltungsschnitt

Zielstellung ist es, dass auch im Kroneninneren leistungsfähiges Fruchtholz erhalten bleibt. Damit die Krone einen lockeren Aufbau behält, sind alle ins Kroneninnere wachsenden Triebe zu entfernen. Ältere Fruchtäste werden durch jüngere ersetzt. Einjährige Langtriebe dürfen nicht eingekürzt werden,

Verjüngen eines überalterten Triebes; oben: im Sommer, unten: im Winter

sondern sind waagerecht zu stellen. Überzählige Triebe sind bereits im Sommer herauszureißen.

Verjüngungsschnitt

Bei Verlagerung der Ertragszone an die Kronenperipherie des Buschbaumes kann eine Verjüngung erforderlich werden. Das Gehölz kann sowohl in seiner Höhe als auch in seiner Breite reduziert werden. Günstig ist das Zurücksetzen der Äste im Winkel von etwa 120°. Man kann sich mit Zeigefinger und Daumen beider Hände ein solches Dreieck bilden und die Baumkrone anvisieren. Damit erhält man etwa den Rahmen, in dem die Krone zurückgeschnitten wird, wodurch der untere Bereich stärker treibt.

Instandhaltung durch Herausreißen überzähliger oder zu dicht stehender Triebe im Sommer

Verjüngungsschnitt

Apfelspindel

Pflanzschnitt bei der Erziehung als Spindel

Spindel

Pflanzschnitt

Bei der Erziehung als Spindel werden zuerst im zukünftigen Stammbereich bis zu einer Höhe von 60 bis 70 cm vorhandene Seitentriebe entfernt. Von den übrig gebliebenen wählt man drei Seitentriebe aus, die gut verteilt um die Mittelachse angeordnet sind. Diese werden um etwa ein Drittel ihrer Länge eingekürzt. Wenn diese Triebe zu steil stehen, müssen sie in einem Winkel von etwa 60° zur Senkrechten abgespreizt oder herabgebunden werden. Sie dürfen aber nicht in eine waagerechte Stellung gebracht werden. Dadurch würde die Entwicklung der Seitentriebe gegenüber dem Wachstum der Stammverlängerung zu stark gehemmt. Bei vorhandenen Konkurrenztrieben an der Stammverlängerung erfolgt entweder ein Schnitt auf Astring oder man reißt die Triebe aus. Beim Reißen wird vorher unterhalb des Triebansatzes mit dem Messer die Rinde eingeschnitten, damit sie nicht lang herunterreißt.
Die Stammverlängerung verbleibt etwa 40 cm über dem obersten Seitentrieb.

Erziehungsschnitt

Das Ziel des Erziehungsschnittes ist es, eine pyramidale Krone zu entwickeln. Gleichzeitig soll durch den Erziehungsschnitt eine gute Verzweigung mit reichlich Fruchtholz erreicht werden. Deshalb ist in den folgenden Jahren die Stammverlängerung auf 40 bis 50 cm über der letzten Verzweigung zurückzuschneiden. Durch den Rückschnitt wird eine sehr gute Garnierung erreicht. Eventuelle Konkurrenztriebe müssen entfernt werden.

Die Behandlung der Austriebe der Seitenäste richtet sich nach ihrem Abgangswinkel und danach, ob die Spitzenknospe eine Blüten- oder Blattknospe ist. Triebe, deren Spitzenknospe eine Blütenknospe ist, sind Fruchtruten und bleiben ungeschnitten.

In das Kroneninnere gerichtete Triebe sind gänzlich zu entfernen. Stehen die Triebe lediglich zu steil und sind gleichmäßig verteilt, sind sie herabzubinden. Sollte die Verzweigungsdichte zu groß sein, muss für eine Auflockerung gesorgt werden. Ein Anschnitt der seitlichen Triebe und der Fortsetzung der zukünftigen Gerüstäste erfolgt nur, wenn die Verzweigung oder der Zuwachs im letzten Jahr unzureichend waren.

Im Regelfall ist der Erziehungsschnitt nach vier bis fünf Jahren abgeschlossen. Zu dieser Zeit hat der Baum unter günstigen Standortbedingungen seine endgültige Höhe von 3,00 bis 3,50 m erreicht. Die Stammverlängerung ist dann nicht mehr erforderlich und wird auf einen flach verlaufenden Seitenast entfernt.

Steil stehende Triebe und Konkurrenztriebe entfernt man

Das Gehölz hat die gewünschte Höhe erreicht, man schneidet die Stammverlängerung auf einen flach verlaufenden Trieb zurück

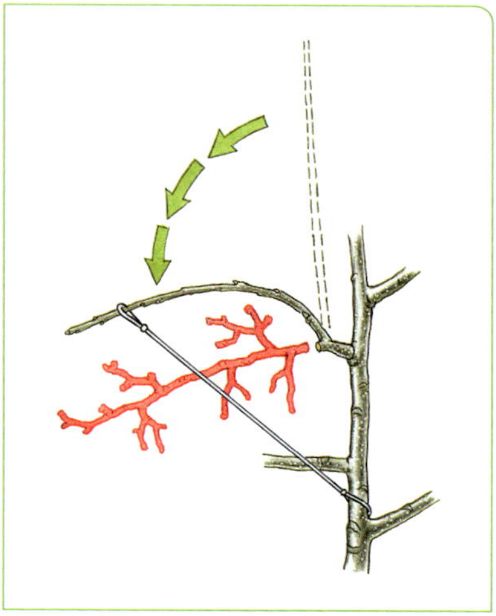

Abgetragenes Fruchtholz wird bis zum Neutrieb an der Basis zurückgeschnitten, den steil stehenden Neutrieb bindet man herunter

Erhaltungsschnitt (Fruchtastumtrieb)

Nach der Erziehung einer leistungsfähigen Krone muss durch den anschließenden Erhaltungsschnitt dafür gesorgt werden, diese Leistungsfähigkeit zu erhalten. Neben der Erneuerung von Fruchtästen gilt es, auch der Erscheinung der Alternanz, die beim Apfel besonders ausgeprägt ist, vorzubeugen.

Das Herabbinden von Trieben während der Baumerziehung hat eine frühzeitige Bildung von Fruchtholz bewirkt. Dieses ist jedoch nur eine gewisse Zeit leistungsfähig. Damit Früchte von bester Qualität gebildet werden, müssen Fruchtäste regelmäßig erneuert werden. So sind abgetragene und besonders nach unten gebogene Fruchtäste auf einen an der Basis befindlichen Seitentrieb zurückzuschneiden. Sind solche Seitentriebe nicht vorhanden, so muss der Rückschnitt auf einen mehr waagerecht stehenden Seitenast erfolgen.

In jedem Fall wird durch den Saftstau an der Schnittstelle das Wachstum neuer Langtriebe sowohl an den Gerüst- als auch an den Seitenästen angeregt. Diese Langtriebe dürfen aber im Rahmen des Instandhaltungsschnittes nicht angeschnitten werden. Überflüssige Langtriebe sind gänzlich zu entfernen. Hier bietet sich die Möglichkeit des Herausreißens im Sommer an. Im Bereich des Risses werden schlafende Augen mit entfernt. Diese Maßnahmen werden im gesamten Kronenbereich so durchgeführt werden, dass die pyramidale Form der Krone erhalten bleibt.

Spalier

Schnurbaum

Von der dominanten Mittelachse geht unmittelbar das Fruchtholz ab. Es gibt weder Gerüstäste noch Gerüstaststummel. Extremformen sind die Ballerinabäume, bei denen keine seitlichen Langtriebe gebildet werden. Im ersten Standjahr ist der Konkurrenztrieb an der Stammverlängerung zu entfernen. Die Seitentriebe werden waagerecht gestellt und nicht zurückgeschnitten. Der Mitteltrieb bleibt ebenfalls ungeschnitten. Eine Triebbildung aus Knospen auf der Oberseite der waagerechten Triebe unterbindet man, indem sie entspitzt.

Im zweiten Jahr wird die Stammverlängerung auf etwa 40 cm über der letzten Seitenverzweigung zurückgeschnitten. Austriebe aus den im Vorjahr entspitzten Trieben werden weggeschnitten.

Ab dem dritten Standjahr haben sich im unteren Triebbereich Blütenknospen gebildet. Die Fruchtlast zieht die Triebe nach unten. Das fördert die Neutriebbildung an der Basis der Fruchttriebe. Bei steilem Wuchs sind sie waagerecht zu stellen. Im Folgejahr werden sich an diesen Blütenknospen bilden. Sie sind der Ersatz für die älteren Fruchttriebe.

U-Formen

Bei der einfachen U-Form gehen vom Stamm zwei parallel verlaufende senkrechte Schnurbäume ab. Als Pflanzmaterial eignet sich eine einjährige Veredlung. Sie wird auf etwa 40 cm zurückgeschnitten, sodass sich zwei Knospen parallel zum Spalier gegenüberstehen. Die Austriebe werden

Pflanzschnitt bei einem Schnurbaum

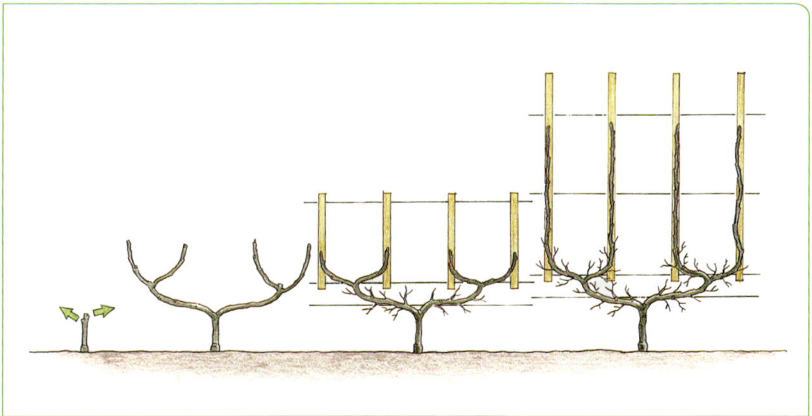

Erziehung einer doppelten U-Form (von links nach rechts): Rückschnitt des Gehölzes auf ein nach rechts und ein nach links gerichtetes Auge; die nach oben gerichteten Triebspitzen fördern das Längenwachstum, Rückschnitt der beiden Kordonarme in der Höhe des nächsten Spalierdrahtes; Ableiten der Austriebe am Spalierdraht; Austriebe werden am Spalier nach oben geleitet

schräg aufwärts am Spalier befestigt. Weitere Austriebe entfernt man. Ausgangs des Sommers werden die nun verholzten Triebe waagerecht am Spalier befestigt und jeweils im Abstand von mindestens 20 cm vom Stamm senkrecht am Spalier befestigt. Beide senkrechten Achsen müssen in einer Höhe enden. In den Folgejahren entspricht die weitere Erziehung der des Schnurbaumes.

Die doppelte U-Form erfordert als Pflanzmaterial ebenfalls eine einjährige Veredlung. Der Trieb wird auf eine Länge von etwa 30 bis 40 cm zurückgeschnitten. Unterhalb der Schnittstelle muss sich je ein nach rechts und ein nach links gerichtetes Auge befinden.

Die Austriebe werden flach am ersten Spalierdraht gebunden, wobei aber die Triebspitze leicht nach oben zeigen soll. Dadurch wird das Längenwachstum über die Vegetationszeit gefördert. Im folgenden Frühjahr schneidet man die beiden Kordonarme in Höhe des nächsten Spalierdrahtes, der etwa 30 bis 40 cm oberhalb des ersten angebracht ist, zurück. Auch hier müssen die beiden oberen Augen nach rechts und links gerichtet sein.

Die Austriebe werden jeweils nach rechts und links abgeleitet und in einem Abstand von etwa 50 cm senkrecht nach oben geleitet. Alle vier senkrechten Arme müssen in gleicher Höhe enden. Sollte dies nicht der Fall

Bei der fertiggestellten U-Form sind Schnittmaßnahmen im Sommer erforderlich

sein, richtet man sich nach dem schwächsten Arm und schneidet die anderen auf seine Höhe zurück.

Alle weiteren Austriebe, die nicht dem Aufbau dienen, werden im Sommer nach dem vierten voll entwickelten Blatt entspitzt. Dadurch kommt es zur Fruchtholzbildung.

Palmetten

Als Pflanzmaterial eignet sich am besten ein Gehölz mit einer bereits in der Baumschule gebildeten ersten Etage in 30 cm Höhe. Die beiden Seitentriebe werden in einem Winkel von 45° vorerst am Spalier befestigt. Das fördert den Austrieb der Spitzenknospe und das Längenwachstum. Sind die Triebe noch nicht so lang, dass sie an den nächsten Draht heranreichen, kann man das durch Latten oder Tonkingstäbe unterstützen, die in oben genanntem Winkel angebracht werden. Der Mitteltrieb wird etwas unter dem Niveau der Seitentriebe gehalten, damit diese sich kräftigen.

Im folgenden Jahr werden die Seitentriebe am Spalierdraht waagerecht befestigt, mit Ausnahme des vorderen Teiles, der schräg nach oben gelenkt werden muss. Dadurch wird die Spitzenknospe im Austrieb und im Wachstum gefördert. Das endgültige Waagerechtstellen ist erst dann möglich, wenn die Palmette ihren vorgegebenen Standraum seitlich ausfüllt. Die nächste Etage befindet sich etwa 30 cm über der ersten. An dieser Stelle muss die gleiche Konstellation der Seitenknospen und Spitzenknospe sein wie bei der unteren Etage. Das Formen der Triebe erfolgt wie bei der unteren Etage. Austriebe auf der Länge des waagerecht gestellten Holzes müssen entspitzt werden, damit sie sich zu Fruchtholz entwickeln.

In dieser Weise wird Etage für Etage aufgebaut, bis die mögliche bzw. gewünschte Höhe erreicht ist. Es ist aber unbedingt darauf zu achten, dass mit dem Aufbau einer neuen Etage erst dann begonnen wird, wenn sich die unteren kräftig genug entwickelt haben.

Befestigen der Seitentriebe im Winkel von 45°, dabei ist der Mitteltrieb unter dem Niveau der Seitentriebe zu halten

Ein endgültiges Waagerechtstellen ist erst dann möglich, wenn die Palmette seitlich ihren vorgegebenen Standraum ausgefüllt hat

Beim weiteren Aufbau sind die unteren drei Etagen abgeschlossen; bei den beiden oberen Etagen muss das Wachstum durch schräg aufrecht gerichtete Triebspitzen noch gefördert werden

Birne

Das Wachstum der Birne ist durch eine sehr starke Spitzenförderung geprägt. Deshalb kommt dem natürlichen Wuchsverhalten die Erziehung des Gehölzes mit einer Stammverlängerung und seitlichen Gerüstästen am nächsten. Für kleinere Gärten bevorzugt man deshalb die Spindelerziehung. Darüber hinaus ist die Birne bestens für die Spaliererziehung geeignet. Stärker wachsende Unterlagen wie Birnensämling sind die Voraussetzung für den Anbau in Bauerngärten und Streuobstwiesen.

Nieder-, Halb- und Hochstamm

Pflanzschnitt

Der Konkurrenztrieb an der Stammverlängerung wird entfernt. Dann werden drei bis vier gut verteilte Seitentriebe ausgewählt und auf Saftwaage geschnitten. Die Stammverlängerung schneidet man etwa eine Scherenlänge darüber ab.

Da Birnengehölze oft eine steile Triebstellung haben, müssen die Triebe dann in einem Winkel von etwa 45° abgespreizt werden. Dazu wird ein Spreizholz zwischen Stammverlängerung und Seitentrieb geklemmt.

Erziehungsschnitt zweites bis fünftes Standjahr

Das Ziel des Erziehungsschnittes ist es, eine pyramidale Krone zu entwickeln. Außerdem soll durch den Erziehungsschnitt eine gute Verzweigung mit reichlich Fruchtholz erreicht werden. Deshalb ist in den folgenden Jahren die Stammverlängerung auf 40 bis 50 cm über der letzten Verzweigung zurückzuschneiden.

Eventuelle Konkurrenztriebe müssen entfernt werden.

Beim Pflanzschnitt werden drei bis vier Seitentriebe ausgewählt und zurückgeschnitten; die Stammverlängerung belässt man eine Scherenlänge über dem Ende der Seitentriebe

Erhaltungsschnitt im unteren Bereich der Krone – im oberen Bereich wird die Erziehung noch fortgesetzt

Die Behandlung der Austriebe der Seitenäste richtet sich nach ihrem Abgangswinkel und danach, ob die Spitzenknospe eine Blüten- oder Blattknospe ist. Triebe, deren Spitzenknospe eine Blütenknospe ist, sind Fruchtruten und bleiben ungeschnitten.

Ins Kroneninnere gerichtete Triebe sind gänzlich zu entfernen. Stehen die Triebe lediglich zu steil und sind gleichmäßig verteilt, sind sie herabzubinden. Das trägt zur Fruchtholzbildung bei. Sollte die Verzweigungsdichte zu groß sein, muss für eine Auflockerung gesorgt werden. Ein Anschnitt der seitlichen Triebe und der Fortsetzung der zukünftigen Gerüstäste erfolgt nur, wenn die Verzweigung oder der Zuwachs im letzten Jahr unzureichend waren.

Im Regelfall ist der Erziehungsschnitt nach vier bis fünf Jahren abgeschlossen. Zu dieser Zeit hat der Baum unter günstigen Standortbedingungen eine Höhe von 3,00 bis 3,50 m erreicht. Die Stammverlängerung ist dann nicht mehr erforderlich und wird auf einen flach verlaufenden Seitenast entfernt.

Erhaltungsschnitt

Der Baum muss im Gleichgewicht zwischen Ertrag und Wachstum gehalten werden. Senkrecht stehende Triebe sind aus der Krone zu entfernen. In Jahren ohne Ertrag, beispielsweise

Das Gehölz vor dem Erziehungsschnitt

Der Hochstamm wurde ausgelichtet, drei Leitäste formen die Rundkrone, künftiges Fruchtholz wurde heruntergebunden

durch Blütenfrost, entwickeln sich mehr Triebe als erforderlich. Diese sind bereits im Sommer zu vereinzeln, indem überzählige herausgerissen werden. Einjährige Langtriebe dürfen nicht zurückgeschnitten werden, da sonst das Wachstum aus den oberen Knospen wieder angeregt wird.

Verjüngungsschnitt
Bei Verlagerung der Ertragszone an die Kronenperipherie kann eine Verjüngung erforderlich werden. Das Gehölz kann sowohl in seiner Höhe als auch in seiner Breite reduziert werden. Günstig ist das Zurücksetzen der Äste im Winkel von etwa 120°. Man kann sich mit Zeigefinger und Daumen beider Hände ein solches Dreieck bilden und die Baumkrone anvisieren. Damit erhält man etwa den Rahmen, in dem die Krone zurückgeschnitten wird. Bei älteren Bäumen mit dominantem Mittelast, wie wir sie auf Streuobstwiesen vorfinden, kann die Mitte herabgesetzt werden, sodass mehr Licht in das Kroneninnere gelangt.

Busch

Pflanzschnitt
Nach der Auswahl von drei bis vier verteilten Trieben erfolgt der Rückschnitt auf Saftwaage. Wegen der steilen Stellung der Triebe sind diese in

Verjüngungsschnitt

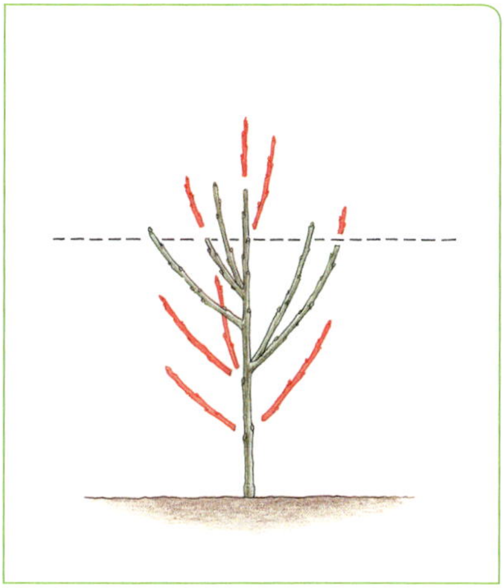
Pflanzschnitt für die Buscherziehung

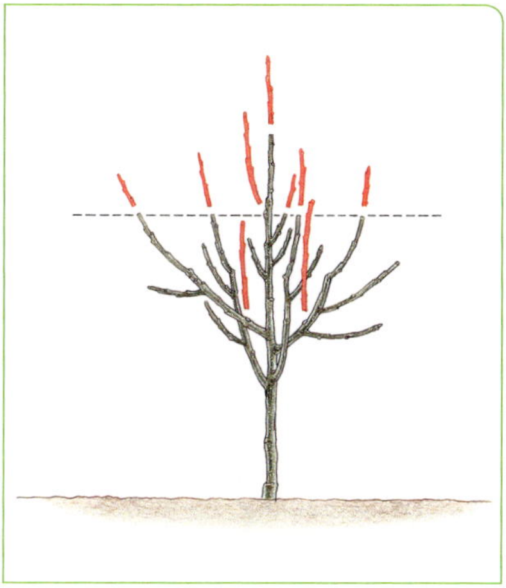
Weiterer Gerüstaufbau bei der Buscherziehung

einem Winkel von 45° abzuspreizen. Die Stammverlängerung bleibt etwa eine Scherenlänge über dem Niveau der Seitentriebe. Das Auge soll sich nach dem Rückschnitt der dem Wind zugewandten Seite befinden, um ein Wegbrechen zu verhindern.

Erziehungsschnitt

Der Erziehungsschnitt als Busch entspricht dem von Nieder-, Halb- und Hochstämmen. Ziel ist es, eine pyramidale Krone zu entwickeln. Die Triebleistung ist aufgrund der geringeren Stammlänge aber größer. Der Rückschnitt der Triebe zur Kronenerziehung sollte deshalb schwächer sein. Außerdem soll durch den Erziehungsschnitt eine gute Verzweigung mit reichlich Fruchtholz erreicht werden. Deshalb ist in den folgenden Jahren die Stammverlängerung auf 40 bis 50 cm über der letzten Verzweigung

Triebformen

zurückzuschneiden. Eventuelle Konkurrenztriebe müssen entfernt werden.

Die Behandlung der Austriebe der Seitenäste richtet sich nach ihrem Abgangswinkel und danach, ob die Spitzenknospe eine Blüten- oder Blattknospe ist. Triebe, deren Spitzenknospe eine Blütenknospe ist, sind Fruchtruten und bleiben ungeschnitten.

Erhaltungsschnitt
Die Krone soll einen lockeren Aufbau behalten. Es sind alle in das Kroneninnere wachsenden Triebe zu entfernen. Da die Birne auch noch am älteren Kurzholz gute Fruchtqualitäten bringt, kann mit dem Ersatz älterer Fruchtäste durch jüngere etwas länger gewartet werden als beim Apfel. Einjährige Langtriebe dürfen nicht eingekürzt werden, sondern sind waagerecht zu stellen. Überzählige Triebe sind bereits im Sommer herauszureißen.

Herausreißen überzähliger neuer Triebe

Verjüngungsschnitt
Bei Verlagerung der Ertragszone an die Kronenperipherie kann eine Verjüngung erforderlich werden, bei der das Gehölz in seiner Ausdehnung reduziert wird. Günstig ist das Zurücksetzen der Äste in einem Winkel von etwa 120°. Man kann sich mit Zeigefinger und Daumen beider Hände ein solches Dreieck bilden und die Baumkrone anvisieren. Damit erhält man etwa den Rahmen, in dem die Krone zurückgeschnitten wird. Auch das Heraussägen der Stammverlängerung ist eine Möglichkeit der Verjüngung.

Spindel

Pflanzschnitt
Zuerst werden im zukünftigen Stammbereich von 60 bis 70 cm vorhandene Seitentriebe entfernt. Von den übrig gebliebenen wählt man drei Seitentriebe aus, die gut verteilt um die Mittelachse angeordnet sind. Diese werden um etwa ein Drittel ihrer Länge eingekürzt. Wenn diese Triebe zu steil stehen, müssen sie in einem Winkel von etwa 60° zur Senkrechten abgespreizt oder herabgebunden werden. Sie dürfen aber nicht in eine waagerechte Stellung gebracht werden. Dadurch würde die Entwicklung der Seitentriebe gegenüber dem Wachstum der Stammverlängerung zu stark gehemmt.

Vorhandene Konkurrenztriebe an der Stammverlängerung sind wegzuschneiden. Die Stammverlängerung wird etwa 40 cm über dem obersten Seitentrieb zurückgeschnitten.

Verjüngungsschnitt

Erziehungsschnitt
Im Gegensatz zum Apfel wachsen die Austriebe nach dem Pflanzschnitt bei der Birne oftmals sehr steil nach oben und können eine beträchtliche Länge und auch Stärke erreichen. Hier empfiehlt es sich, bereits in der Vegetationszeit, wenn die Triebe an der Basis beginnen zu verholzen, diese herunterzubinden oder mit Gewichten zu beschweren. Dadurch wird das Wachstum etwas gebremst. Im Folgejahr wird die Stammverlängerung etwa 40 cm über der letzten Verzweigung eingekürzt. Weitere kräftige, steil stehende Triebe, die für den Kronenaufbau nicht benötigt werden, schneidet man auf drei bis vier Knospen zurück. Das bewirkt eine frühzeitige Bildung des für die Birne typischen quirligen

Pflanzschnitt für die Spindel

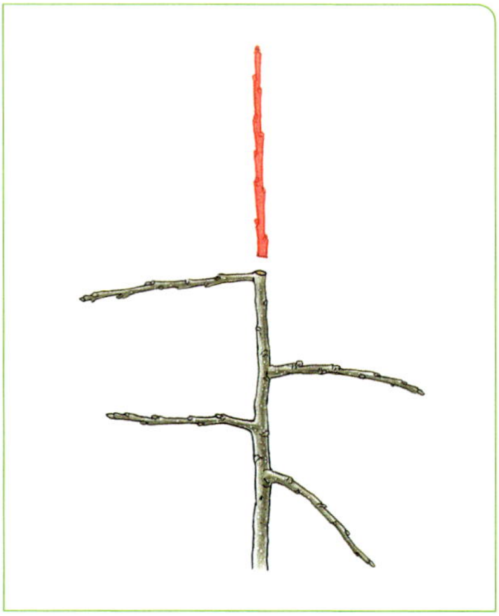

Schnitt auf einen Seitenast

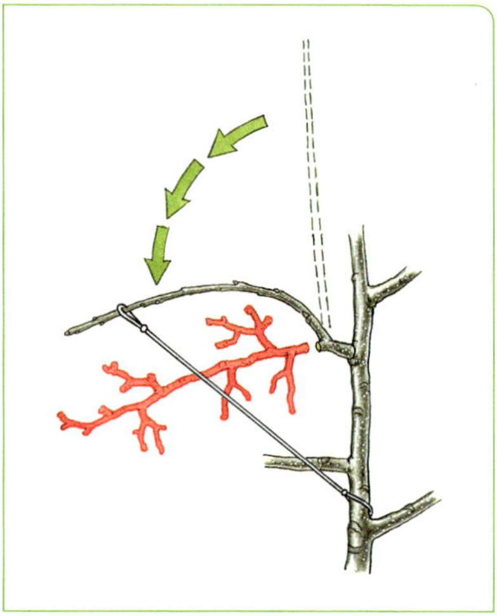

Erziehung neuer Fruchtruten

Fruchtholzes. Triebe mit einer endständigen Blütenknospe bleiben unbehandelt. Hat der Baum die gewünschte Höhe erreicht, schneidet man die Stammverlängerung auf einen flach verlaufenden Ast zurück.

Erhaltungsschnitt (Fruchtastumtrieb)

Dem Erhaltungsschnitt muss bei der Birne insbesondere aufgrund der starken Oberseitentriebförderung besonders Rechnung getragen werden. Neben der Erneuerung von abgetragenen Fruchtästen gilt es, die Krone auch dahingehend zu überwachen, dass sich die Oberseitentriebe nicht als Konkurrenten zur Mittelachse entwickeln. Das bogenförmige Absenken der Fruchtäste ist bei der Birne stärker ausgeprägt als beim Apfel. Die auf dem Scheitel eines Fruchtastes gebildeten Langtriebe können zu seiner Erneuerung beitragen. Abgetragenes Holz wird an dieser Stelle entfernt.

Spalier

Schnurbaum

Von der dominanten Mittelachse geht unmittelbar das Fruchtholz ab. Im ersten Standjahr ist der Konkurrenztrieb an der Stammverlängerung zu entfernen. Die Seitentriebe werden waagerecht gestellt und nicht zurückgeschnitten. Der Mitteltrieb bleibt ebenfalls ungeschnitten.

Eine Triebbildung aus Knospen auf der Oberseite der waagerechten Triebe unterbindet man, indem sie entspitzt werden.

Im zweiten Jahr wird die Stammverlängerung auf etwa 40 cm über der letzten Seitenverzweigung zurückgeschnitten. Austriebe aus den im Vorjahr entspitzten Trieben werden weggeschnitten.

Ab dem dritten Standjahr haben sich im unteren Triebbereich Blütenknospen gebildet. Die Fruchtlast zieht die Triebe nach unten. Das fördert die Neutriebbildung an der Basis der Fruchttriebe. Bei steilem Wuchs sind sie waagerecht zu stellen. Im Folgejahr werden sich an ihnen Blütenknospen bilden. Sie sind der Ersatz für die älteren Fruchttriebe. Diese steil stehenden Triebe dürfen deshalb nicht eingekürzt werden. Das hätte zur Folge, dass sich aus den Knospen unterhalb der Schnittstelle neue Triebe bilden, aber keine Blütenknospen.

Pflanzschnitt bei einem Schnurbaum

Rückschnitt des herabgezogenen Triebes auf einen aufstrebenden Jungtrieb

U-Formen

Bei der einfachen U-Form gehen vom Stamm zwei parallel verlaufende senkrechte Schnurbäume ab. Als Pflanzmaterial eignet sich eine einjährige Veredlung. Sie wird auf etwa 40 cm zurückgeschnitten, sodass sich zwei Knospen parallel zum Spalier gegenüberstehen. Die Austriebe werden schräg aufwärts am Spalier befestigt. Weitere Austriebe entfernt man. Ausgangs des Sommers werden die nun verholzten Triebe waagerecht am Spalier befestigt und jeweils im Abstand von mindestens 20 cm vom Stamm senkrecht am Spalier befestigt. Beide senkrechten Achsen müssen in einer Höhe enden. In den Folgejahren entspricht die weitere Erziehung der des Schnurbaumes.

Die doppelte U-Form erfordert als Pflanzmaterial ebenfalls eine einjährige Veredlung. Der Trieb wird auf eine Länge von etwa 30 bis 40 cm zurückgeschnitten. Unterhalb der Schnittstelle muss sich je ein nach rechts und links gerichtetes Auge befinden.

Die Austriebe werden flach am ersten Spalierdraht gebunden, wobei die Triebspitze leicht nach oben zeigen soll. Dadurch wird das Längenwachstum über die Vegetationszeit gefördert. Im folgenden Frühjahr schneidet man die beiden Kordonarme in Höhe des nächsten Spalierdrahtes, der etwa 30 bis 40 cm oberhalb des ersten angebracht ist, zurück. Auch hier müssen die beiden oberen Augen nach rechts und links gerichtet sein.

Die Austriebe werden jeweils nach rechts und links abgeleitet und in einem Abstand von etwa 50 cm senkrecht nach oben geleitet. Alle vier

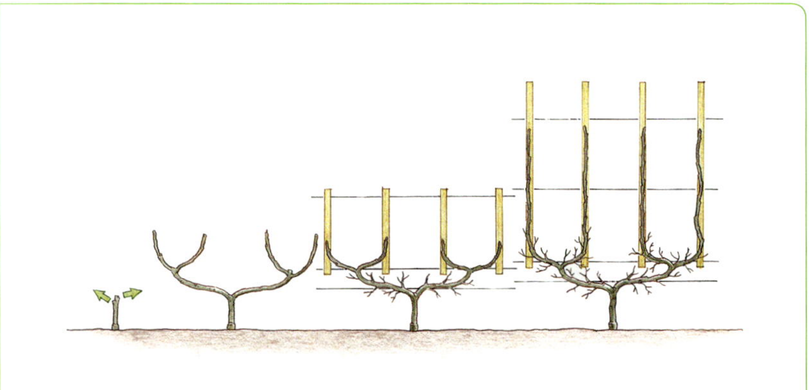

Erziehung einer doppelten U-Form (von links nach rechts): Rückschnitt des Gehölzes auf ein nach rechts und ein nach links gerichtetes Auge; die nach oben gerichteten Triebspitzen fördern das Längenwachstum, Rückschnitt der beiden Kordonarme in der Höhe des nächsten Spalierdrahtes; Ableiten der Austriebe am Spalierdraht; Austriebe werden am Spalier nach oben geleitet

Bei der fertiggestellten U-Form sind Schnittmaßnahmen im Sommer erforderlich

senkrechten Arme müssen in gleicher Höhe enden. Sollte dies nicht der Fall sein, richtet man sich nach dem schwächsten und schneidet die anderen auf seine Höhe zurück.

Alle weiteren Austriebe, die nicht dem Aufbau dienen, werden im Sommer nach dem vierten voll entwickelten Blatt entspitzt. Dadurch kommt es zur Fruchtholzbildung.

Palmetten

Als Pflanzmaterial eignet sich am besten ein Gehölz mit einer bereits in der Baumschule gebildeten ersten Etage in 30 cm Höhe. Die beiden Seitentriebe werden in einem Winkel von 45° vorerst am Spalier befestigt. Das fördert den Austrieb der Spitzenknospe und das Längenwachstum. Sind die Triebe noch nicht so lang, dass sie an den nächsten Draht heranreichen, kann man dies durch Latten oder Tonkingstäbe unterstützen, die in dem oben genannten Winkel angebracht sind. Der Mitteltrieb wird etwas unter dem Niveau der Seitentriebe gehalten, damit sich die Seitentriebe kräftigen.

Im folgenden Jahr werden die Seitentriebe waagerecht am Spalierdraht befestigt, mit Ausnahme des vorderen

Befestigen der Seitentriebe im Winkel von 45°, wobei der Mitteltrieb unter dem Niveau der Seitentriebe zu halten ist

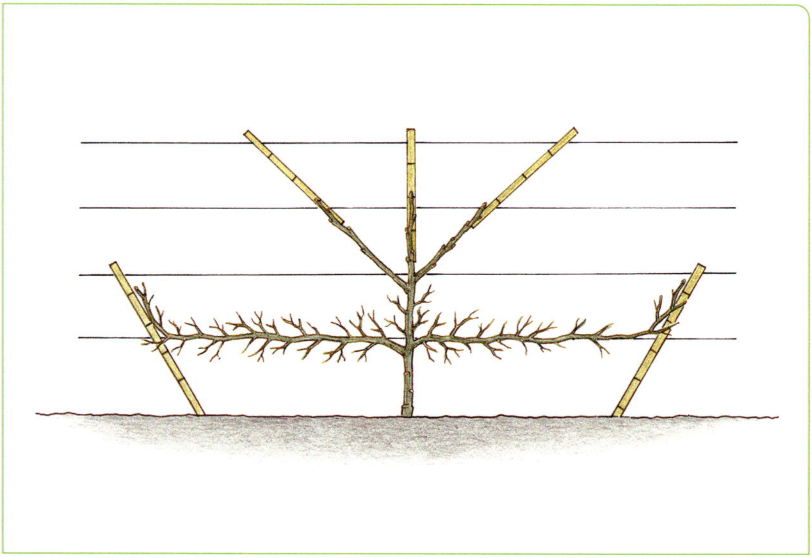

Ein endgültiges Waagerechtstellen ist erst dann möglich, wenn die Palmette seitlich ihren vorgegebenen Standraum ausgefüllt hat

Beim weiteren Aufbau sind die unteren drei Etagen abgeschlossen; bei den beiden oberen Etagen muss das Wachstum durch schräg aufrecht gerichtete Triebspitzen noch gefördert werden

Teiles, der schräg nach oben gelenkt werden muss. Dadurch wird die Spitzenknospe im Austrieb und im Wachstum gefördert. Das endgültige Waagerechtstellen ist erst dann möglich, wenn die Palmette seitlich ihren vorgegebenen Standraum ausfüllt. Die nächste Etage befindet sich etwa 30 cm über der ersten. An dieser Stelle muss die gleiche Konstellation der Seitenknospen und Spitzenknospe sein wie bei der unteren Etage. Das Formen der Triebe erfolgt wie bei der unteren Etage. Austriebe auf der Länge des waagerecht gestellten Holzes müssen entspitzt werden, damit sie sich zu Fruchtholz entwickeln.

In dieser Weise wird Etage für Etage aufgebaut, bis die mögliche Höhe erreicht ist. Es ist aber unbedingt darauf zu achten, dass mit dem Aufbau einer neuen Etage erst dann begonnen wird, wenn sich die unteren kräftig genug entwickelt haben.

Quitte

Bei der Quitte unterscheidet man je nach der Fruchtform zwischen Apfel- und Birnenquitten. Auf die Erziehung und den Schnitt hat dies aber keinen Einfluss. Im Gegensatz zu Apfel und Birne bleibt die Quitte im Wuchs grundsätzlich kleiner.

Niederstamm

Der Pflanzschnitt entspricht dem des Apfels als Niederstamm. Drei bis vier Seitentriebe werden als zukünftige Gerüstäste ausgewählt und eingekürzt. Das Gehölz kann mit oder ohne Stammverlängerung erzogen werden. Ist eine Stammverlängerung vorhanden, belässt man sie etwa eine Scherenlänge über der Ebene der zurückgeschnittenen Seitentriebe.

Bei der weiteren Kronenentwicklung entfernt man nach innen wachsende Triebe. Nach fünf bis sechs Jahren hat sich dann eine leistungsfähige Krone aufgebaut.

Beim Erhaltungsschnitt ist die Bildung der Fruchttriebe zu beachten. Die Quitte fruchtet an Kurztrieben, die sich an vorjährigen Langtrieben bilden. Deshalb sind Langtriebe nach dem Pflanzschnitt nicht mehr einzukürzen.

Busch

Beim Busch verfährt man analog zum Niederstamm, nur mit dem Unterschied, dass beim Busch der Stamm kürzer ist als beim Niederstamm. Das kann sich auf eine kräftigere Triebentwicklung auswirken. Wenn Langtriebe zur Kronenentwicklung zurückgeschnitten werden müssen, muss der Rückschnitt verhaltener erfolgen.

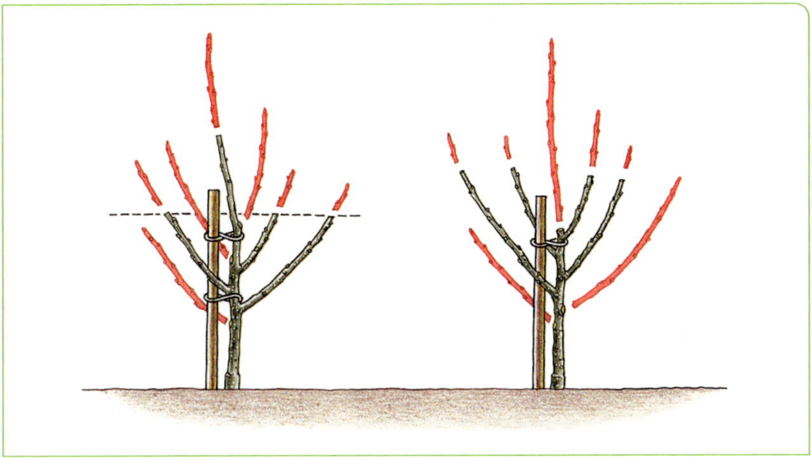

Pflanzschnitt für eine pyramidale Kronenform (links) und eine Hohlkrone (rechts)

Spindel

Bei der Erziehung als Spindel ist die Gerüstastspindel vorteilhaft, weil auch hierbei der Natur der Quitte entsprochen wird.

Hohlkrone

Die Erziehung als Hohlkrone ohne Stammverlängerung hat den Vorteil, dass das Kroneninnere besser belichtet wird. Beim Pflanzschnitt werden deshalb nur die Triebe für die zukünftigen Gerüstäste ausgewählt und auf Saftwaage zurückgeschnitten. Die Stammverlängerung ist entweder gar nicht vorhanden oder man schneidet sie weg. Alle weiteren Schnittmaßnahmen entsprechen denen beim Niederstamm.

Spalier

Als Spaliererziehung kommt der Freie Fächer dem natürlichen Wuchs- und

Vorgehensweise beim Pflanzschnitt für die Erziehung als Busch

Entwicklung eines Freien Fächers; links: Rückschnitt des Gehölzes auf 40 cm, 4 Augen kommen zum Austrieb, rechts: Anbinden der Triebe schräg am Spalier

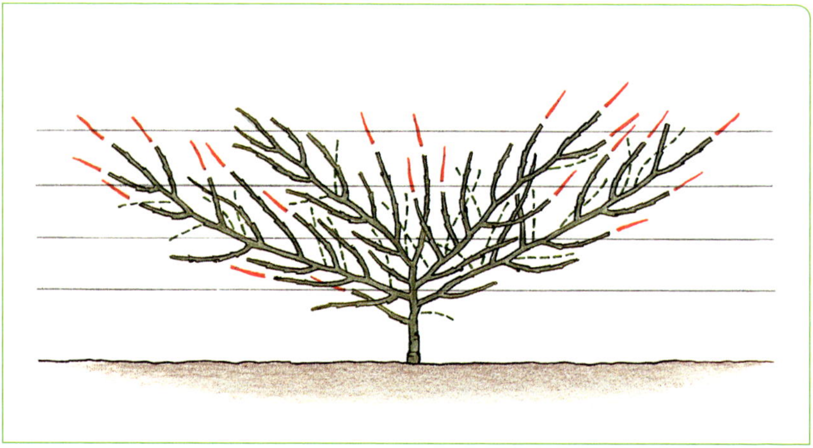

Einkürzen von Fruchttrieben und Entfernen überflüssiger Holztriebe, alle Triebe benötigen ausreichend Licht

Fruchtungsverhalten am ehesten entgegen. Bei der Quitte wird kein strenger Fruchtholzschnitt praktiziert. Beim Pflanzschnitt belässt man seitliche Triebe, die schräg aufwärts am Spalier befestigt werden. Alle nach vorn oder zur Wand gerichteten Triebe entfernt man.

Süßkirsche

Süßkirschen haben ein starkes und aufstrebendes Wachstum und sind für die sogenannte „Quirlholzbildung“ charakteristisch. Durch die starke Spitzenförderung gelangen ausschließlich die Terminalknospe sowie die darunter befindlichen Konkurrenzknospen zum Austrieb. Das Ergebnis ist ein Quirl von Trieben.

Busch, Nieder-, Halb- und Hochstamm

Pflanzschnitt
Es werden drei bis vier gut verteilte Seitentriebe ausgewählt und auf Saftwaage geschnitten. Die Stammverlängerung schneidet man etwa eine Scherenlänge darüber ab.

Erziehungsschnitt
Der Rückschnitt der einjährigen Triebe bewirkt den Austrieb der unter der Schnittstelle befindlichen zwei bis vier Augen. Dadurch wird die Verzweigung gefördert. Triebe, die steil nach oben oder in das Kroneninnere wachsen, entfernt man an ihrer Basis. Ein erneuter Rückschnitt der anderen Verzweigungen fördert einerseits das Dickenwachstum der zukünftigen Gerüstäste und zum anderen wird ein erneuter Austrieb gefördert. So wird etappenweise die Krone aufgebaut. Da sich die Krone von unten nach oben im Aufbau befindet, setzt etwa im dritten Standjahr im unteren Kronenbereich der Ertrag ein. Damit lässt das Triebwachstum in diesem Bereich nach. Im oberen Bereich wird der Erziehungsschnitt weitergeführt, bis die Krone fertig aufgebaut ist.

Durch Knospenausbrechen kann man das Wachstum steuern; links: quirlig stehende Knospen an der Triebspitze, rechts: die neben der Spitzenknospe befindlichen Knospen bricht man aus

Beim Pflanzschnitt werden drei bis vier Seitentriebe ausgewählt und zurückgeschnitten; die Stammverlängerung belässt man eine Scherenlänge über dem Ende der Seitentriebe

Spindel

Charakteristika einer Süßkirschenspindel sind: Die freie Stammlänge beträgt zwischen 60 und 70 cm. Sie hat eine durchgängige Mittelachse, um die, gleichmäßig und spindelförmig verteilt, die Seitentriebe angeordnet sind. Die Wuchsform der Süßkirschenspindel ist pyramidal.

Pflanzschnitt

Die freie Stammverlängerung muss 60 bis 70 cm betragen. Die Seitentriebe werden nicht eingekürzt, sondern durch geeignete Hilfsmaßnahmen in eine waagerechte Stellung gebracht. Die Stammverlängerung wird nicht an-

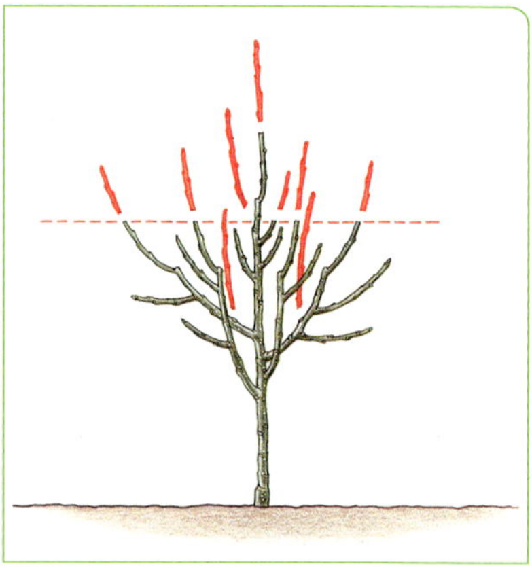

Erziehungsschnitt bei pyramidaler Kronenform

geschnitten. Sämtliche Konkurrenzknospen unterhalb der Spitzenknospe an den Seitentrieben und am Mitteltrieb sind auszubrechen. Dadurch wird die Bildung von Konkurrenztrieben und Quirlholz verhindert.

Erziehungsschnitt

Im ersten Vegetationsjahr ist darauf zu achten, dass eine waagerechte Stellung des Neuwuchses beibehalten bleibt. Wachsen Knospen steil aufrecht aus den Seitentrieben heraus, müssen sie waagerecht gestellt werden. Ist das nicht möglich, entspitzt man sie. Dadurch bilden sie später zusätzlich Fruchtholz. Mit Beginn des zweiten Vegetationsjahres werden wieder Konkurrenzknospen im Umfeld der Spitzenknospe aller Triebe ausgebrochen. Haben sich dennoch steil stehende Triebe entwickelt, schneidet man sie auf Zapfen auf ein nach außen gerichtetes Auge zurück. Die Austriebe aus den Augen müssen entspitzt werden. Sind an der Stammverlängerung keine Seitenverzweigungen vorhanden, kann man durch Schneiden von Kerben oberhalb der Knospe das Austreiben dieser fördern. Diese Maßnahmen werden fortgesetzt, bis der Baum die gewünschte Höhe und Breite erreicht hat. Soll die Höhe begrenzt werden, ist die Stammverlängerung auf einen flach verlaufenden Seitenast zurückzuschneiden. Hierbei muss darauf geachtet werden, dass der Durchmesser des Seitenastes an seiner Ansatzstelle mindestens die Hälfte des Durchmessers der Schnittstelle beträgt. Ist das noch nicht der Fall, muss man die Stammverlängerung stufenweise herabsetzen. Man belässt die Stammverlängerung als Zapfen von etwa 25 bis 30 cm über der gewünschten Schnittstelle. Dadurch kann sich der Seitenast in den folgenden ein oder zwei Jahren erst einmal kräftigen. Austriebe, die aus

Zweijährige Süßkirschenspindeln

Die Triebe an der Stammverlängerung sind abgespreizt

Waagerechtstellen der Äste durch Binden; rechts: gebunden, links: ungebunden

Austriebe am belassenen Zapfen

Gute Triebstreuung durch Knospenausbrechen an der Stammverlängerung

Gute Triebverteilung durch Knospenausbrechen am Seitentrieb

dem Zapfen herauswachsen, müssen bei einer Länge von etwa 15 bis 20 cm entspitzt werden.

Verjüngungsschnitt

Besonders bei Spindelbäumen auf schwächer wachsenden Unterlagen kann es vom siebenten bis zehnten Standjahr erforderlich sein, die Bildung von jungem Fruchtholz anzuregen. Das erreicht man, indem zwei- oder dreijährige Äste auf einen Bukettspross zurückgeschnitten werden. Der Bukettspross besitzt neben einer Vielzahl von Blütenknospen auch eine vegetative Knospe. Diese treibt durch den an der Schnittstelle erzeugten Saftstau als Langtrieb aus. Die Maßnahme ist am gesamten Gehölz so durchzuführen, dass die pyramidale Form beibehalten wird.

U-Form

Die Verwendung schwächer wachsender Unterlagen bei der Süßkirsche ermöglicht die Erziehung zu dieser Spalierform. Voraussetzung ist, dass das Gehölz zwei seitlich ausgerichtete Triebe besitzt. Eine Mittelachse (Stammverlängerung) wird nicht benötigt. Das Gehölz wird so gepflanzt, dass die Seitentriebe parallel zum Spalier verlaufen. Zwischen den später verlaufenden senkrechten Achsen soll der Abstand 60 bis 80 cm betragen.

Pflanzschnitt/Triebbehandlung

Die Seitentriebe werden in einem Winkel von etwa 45° am Spalier befestigt. Sämtliche Konkurrenzknospen unterhalb der Spitzenknospe werden ausgebrochen. Der Winkel der Triebe bewirkt, dass jeweils die Spitzenknospen kräftig austreiben.

Rückschnitt auf einen Bukettspross

Erziehungsschnitt

Bilden sich aus den Knospen auf der Trieboberseite Austriebe, entspitzt man sie bei einer Länge von etwa 15 cm. Es kann dadurch allerdings zu einem erneuten Durchtreiben von Blattachselknospen kommen. In diesem Fall muss nach Triebabschluss nochmals auf drei bis vier Blätter zurückgeschnitten werden. Mit Abschluss des Längenwachstums wird der untere Triebteil so weit waagerecht gestellt, dass der oben genannte Abstand erreicht wird. Die Triebe sind an der Biegestelle zu fixieren. Dann werden die beiden Triebverlängerungen senkrecht am Spalier befestigt.

Im folgenden Frühjahr werden wieder die Konkurrenzknospen unterhalb der Spitzenknospe ausgebrochen. An den seitlichen Knospen wird nichts unternommen. Aus ihnen soll sich das Fruchtholz in Form von Bukettsprossen bilden. Im Verlauf der Vegetationszeit ist aber darauf zu achten, dass sich aus den Seitenknospen keine

Bei der fertiggestellten U-Form sind Schnittmaßnahmen im Sommer erforderlich

Beim weiteren Aufbau sind die unteren drei Etagen abgeschlossen; bei den beiden oberen Etagen muss das Wachstum durch schräg aufrecht gerichtete Triebspitzen noch gefördert werden

Langtriebe entwickeln. Sollten sie dennoch dazu neigen, müssen sie entspitzt werden.

Die Triebverlängerungen aus den Spitzenknospen befestigt man am Spalier.

Haben die beiden senkrechten Arme die Spalierhöhe erreicht, werden im Frühjahr außer den Konkurrenzknospen auch die Spitzenknospen ausgebrochen. Die Triebspitze darf nicht abgeschnitten werden, da sonst durch den Saftstau der Schnittstelle die darunter sitzenden Knospen zum starken Austrieb angeregt werden und die Funktion der Triebverlängerung übernehmen. Wichtig ist, dass bei dieser Erziehung jegliche Langtriebbildung durch das Entspitzen und gegebenenfalls weiteres Zurückschneiden unterbunden wird. Die Triebe sollten dann nicht länger als 10 cm sein.

Pinzierte Konkurrenztriebe unterhalb der Stammverlängerung zur Erziehung als Spindel

Palmetten

Für Palmettenformen sollten etwas stärker wachsende Unterlagen, beispielsweise ‘PiKu 1’ oder ‘PiKu 4’, verwendet werden. Grundsätzlich ist ein Gehölz mit einer Stammverlängerung erforderlich. Es ist eine Erziehung als Verrier-Palmette oder auch Palmette mit schrägen Ästen möglich. Die Verrier-Palmette vereinigt in sich geschachtelte U-Formen. Bei der Palmette mit schrägen Ästen verlaufen in Etagen von der Mittelachse schräg abgehende Fruchtäste. Der Abgangswinkel sollte aber weniger als 45° betragen, da sonst das Wachstum stark gefördert wird.

Sauerkirsche

Nieder-, Halb- und Hochstamm

Pflanzschnitt

Der Pflanzschnitt wird im Frühjahr nach der Pflanzung ausgeführt. Es sind drei bis vier kräftige Seitentriebe als zukünftige Gerüstäste auszuwählen und auf Saftwaage zu schneiden. Der Winkel der Triebe sollte etwa 45° betragen. Wenn eine Stammverlängerung vorhanden ist, belässt man diese etwa eine Scherenlänge über der Ebene der Seitentriebe.

Erziehungsschnitt

Bei diesen Baumformen muss über mehrere Jahre ein leistungsfähiges Kronengerüst aufgebaut werden. Erziehungsschnitt und Fruchtholzschnitt müssen dabei parallel angewendet werden.

Beim Erziehungsschnitt orientiert man sich auf eine Vergrößerung der Krone. Dies erreicht man, indem Triebe auf Auslage, das heißt auf nach außen gerichtete Triebe, geschnitten werden und man die Astrangordnung einhält.

Fruchtholzschnitt

Der Fruchtholzschnitt bezieht sich auf das Entfernen von abgetragenem Fruchtholz, ohne in das Kronengerüst einzugreifen. Bei Sorten, die ausschließlich an einjährigen Trieben fruchten, verhindert man dadurch die sogenannte „Peitschenbildung". Deshalb ist der Fruchtholzschnitt mindestens alle zwei bis drei Jahre durchzuführen. Fruchtet die Sauerkirschensorte auch an Kurztrieben oder Bukettsprossen, kann mit der Erneuerung von Fruchtästen länger gewartet werden.

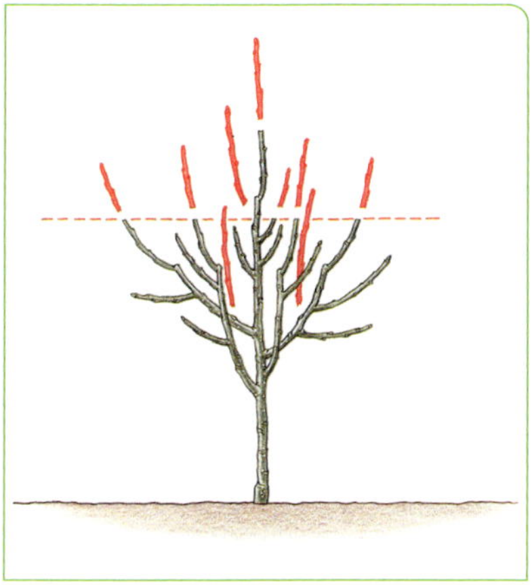

Erziehungsschnitt bei pyramidaler Kronenform

Rückschnitt einer mehrjährigen Peitsche auf einen Austrieb an der Basis

Sauerkirschenniederstamm der Sorte 'Safir'

Sauerkirschensorte 'Karneol' als Niederstamm auf der Unterlage Prunus avium

Busch

Pflanzschnitt

Der Pflanzschnitt wird im Frühjahr nach der Pflanzung ausgeführt. Die Stammlänge beträgt beim Busch etwa 60 cm.

Es sind drei bis vier kräftige Seitentriebe als zukünftige Gerüstäste auszuwählen und auf Saftwaage zu schneiden. Der Winkel der Triebe sollte etwa 45° betragen. Wenn eine Stammverlängerung vorhanden ist, belässt man diese etwa eine Scherenlänge über der Ebene der Seitentriebe.

Erziehungsschnitt

Es ist über mehrere Jahre ein leistungsfähiges Kronengerüst aufzubauen. Erziehungsschnitt und Fruchtholzschnitt müssen dabei parallel angewendet werden.

Beim Erziehungsschnitt orientiert man sich auf eine Vergrößerung der Krone. Das erreicht man, indem Triebe auf Auslage geschnitten werden und die Astrangordnung eingehalten wird.

Fruchtholzschnitt

Der Fruchtholzschnitt bezieht sich auf das Entfernen von abgetragenem Fruchtholz und erfolgt wie beim Nieder-, Halb- und Hochstamm, ohne in das Kronengerüst einzugreifen. Bei Sorten, die ausschließlich an einjährigen Trieben fruchten, verhindert man dadurch die sogenannte „Peitschenbildung“. Deshalb ist der Fruchtholzschnitt mindestens alle zwei bis drei Jahre durchzuführen. Fruchtet die Sauerkirschensorte auch an Kurztrieben oder Bukettsprossen, kann mit der Erneuerung von Fruchtästen länger gewartet werden.

Spindel

Pflanzschnitt

Werden Sauerkirschen als Spindel erzogen, wird kein Pflanzschnitt durchgeführt, sondern die Seitentriebe werden durch geeignete Hilfsmaßnahmen in eine waagerechte Stellung gebracht. Die Stammverlängerung wird nicht angeschnitten. Die Sorte ‘Schattenmorelle’ ist für die Spindelerziehung nicht geeignet, da sie nicht ein so ausgeprägtes Spitzenwachstum hat.

Erziehungs- und Fruchtholzschnitt

Die Seitentriebe sollen sich nicht zu Gerüstästen entwickeln, sondern werden bereits im Folgejahr fruchttragende Triebe sein. Aufgrund der Last von Früchten und Blättern haben diese Triebe eine leicht hängende Stellung. Dadurch kommt es an deren Basis zur Bildung von Neuwuchs. Dieser bildet im kommenden Jahr das neue Fruchtholz, das abgetragene wird entfernt. Erst wenn der Baum die gewünschte Höhe erreicht hat, schneidet man die Stammverlängerung über einem flach verlaufenden Seitenast weg.

Freier Fächer

Bei dieser Erziehung sind die Fruchtholz tragenden Äste unregelmäßig angeordnet. Die einzelnen Äste bindet man schräg aufwärts an das Lattenspalier. Seitlich angeordnete Äste sollten einen Abstand von 50 bis 70 cm übereinander haben, damit eine ausreichende Belichtung gewährleistet ist. Hohe Wandspaliere, die mehrere Astetagen erfordern, setzen das Vorhandensein einer Stammverlängerung voraus. Damit sich die untere Astpartie kräftig entwickeln kann, ist der Mittel-

Aufbau der Sauerkirsche als Baum

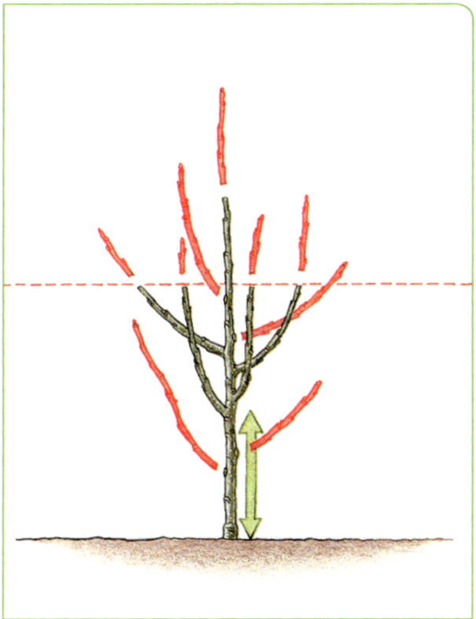

Pflanzschnitt für eine pyramidale Kronenform beim Busch

Sauerkirschensorte 'Topas' als Spindel erzogen auf der Unterlage Prunus mahaleb

Sauerkirschenfächer

trieb stark zurückzuschneiden. Wird dies unterlassen, kommt es zur Förderung des Mitteltriebes und somit sehr schnell zur Unterdrückung der unteren Astserie sowie zum Überbauen der Krone (Kopflastigkeit).

Pflanzschnitt
Die freie Stammlänge beträgt etwa 60 cm. Der Baum ist so zu pflanzen, dass je ein Seitentrieb nach rechts und links am Spalier im Winkel von 45° befestigt wird. Konkurrenzknospen an den Triebspitzen sind auszubrechen. Der Mitteltrieb muss eine Länge von 50 bis 70 cm über der Ansatzstelle der Seitentriebe haben. Auch bei ihm sind Konkurrenzknospen auszubrechen. Die nächsten Verzweigungen sollen etwas versetzt (nicht als Quirl) am Mitteltrieb herauswachsen.

Erziehungsschnitt
Langtriebe, die sich auf der Oberseite der schräg formierten Triebe bilden, werden wieder schräg am Spalier befestigt. Sollten sie über das Niveau der nächsten Serie der Seitentriebe hinauswachsen, werden sie entspitzt. Stehen sie zu dicht, sind sie mittels Herausreißen zu vereinzeln. Entsprechend der Höhe des Wandspaliers können mehrere Astetagen gebildet werden. Ist die gewünschte Höhe erreicht, wird der Mitteltrieb auf einen flach verlaufenden Trieb abgeleitet.

Fruchtholzschnitt
Die gesamte Spalierfläche muss gleichmäßig mit fruchttragenden Ästen besetzt sein.

Da die Sauerkirschensorten vornehmlich am einjährigen Holz tragen, müssen jährlich abgetragene Fruchttriebe durch neues einjähriges Fruchtholz ersetzt werden. Hierzu nutzt man entweder Austriebe, die sich an der Basis von abgetragenem Fruchtholz gebildet haben oder solche, die in diesem Bereich aus dem älteren Holz hervorgegangen sind.

Pflanzschnitt bei der Fächererziehung

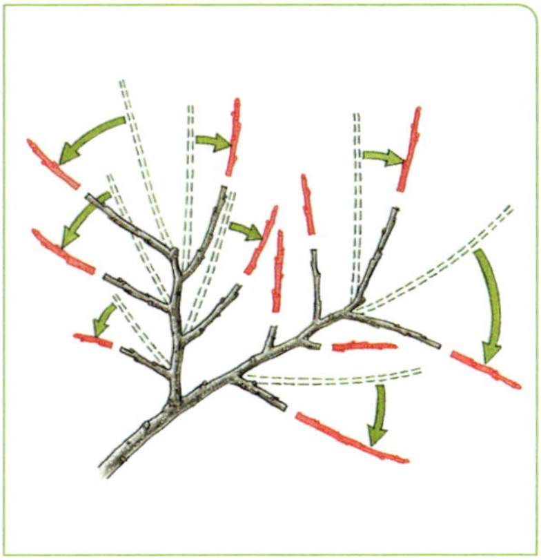

Rückschnitt und Formieren bei der Fächererziehung

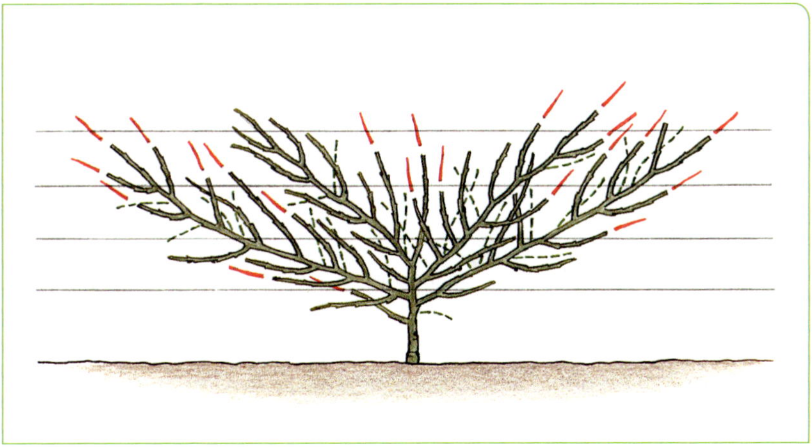

Einkürzen von Fruchttrieben und Entfernen überflüssiger Holztriebe, alle Triebe benötigen ausreichend Licht

Pflaume

Viele Pflaumensorten neigen zu einem aufrechten Wuchs und gelangen dadurch sehr spät zum Ertragsbeginn. Deshalb ist auch bei dieser Obstart der spindelförmigen Erziehung der Vorzug zu geben. Die Pflaume bildet sogenannte „Schlitzäste“ und „Ständertriebe“. Schlitzäste entstehen, weil sich oft nur eine Konkurrenzknospe neben der Spitzenknospe befindet. Beim Austrieb sind die Wuchskräfte gleich und der Winkel zueinander ist sehr steil, sodass es später unter Last zum Astbruch kommt. Ständertriebe werden auf der Astoberseite gebildet.

Busch, Nieder-, Halb- und Hochstamm

Pflanzschnitt

Es werden zuerst alle Triebe im Bereich des zukünftigen Stämmchens in einer Höhe von etwa 50 bis 60 cm über der Bodenoberfläche entfernt. Bei Nieder-, Halb- und Hochstamm ist die Stammlänge in der Baumschule bereits vorgegeben. Danach werden drei bis vier Seitentriebe ausgewählt und auf Saftwaage geschnitten. Die Stammverlängerung wird etwa eine Scherenlänge über dem Niveau der Seitentriebe belassen.

Erziehungsschnitt

Es werden sich sehr kräftige Langtriebe entwickeln. Alle Triebe, die in das Kroneninnere wachsen, entfernt man. Steil stehende Triebe muss man herabbinden oder mit Gewichten beschweren, damit sie in eine mehr waagerechte Stellung geraten. Die Bildung von Kurztrieben wird dadurch gefördert. Während der Kronenerziehung ist es das Ziel, eine breit pyramidale Form zu erreichen. Pflaumen verzweigen sich kaum auf natürliche Weise. Ungeschnitten bilden sich an der Triebspitze aufgrund der Knospenanzahl zwei dicht beieinander sitzende Austriebe. Es ist deshalb erforderlich, bei Trieben mit einem Abgangswinkel von 45° oder flacher durch den Rückschnitt oder durch Ausbrechen der Spitzenknospe die Verzweigung zu fördern. Unter Beachtung der Astrangordnung wird so in den ersten vier bis fünf Standjahren die Krone aufgebaut.

Spindel

Pflanzschnitt

Zuerst wird die freie Stammverlängerung durch das Wegschneiden der in diesem Bereich befindlichen Triebe hergestellt. Seitentriebe stellt man waagerecht. Die Stammverlängerung wird nicht angeschnitten. Konkurrenzknospen unterhalb der Spitzenknospe an den Seitentrieben und am Mitteltrieb bricht man aus. Dadurch wird die Bildung von Konkurrenztrieben verhindert.

Erziehungsschnitt

Zu beachten ist, dass die Pflaume an Lang- und Kurztrieben sowie an Fruchtspießen fruchtet. Das Kurzholz wird an einjährigen Trieben gebildet. Deshalb darf man einjährige Langtriebe nicht einkürzen. Sind sie zu steil

Beim Pflanzschnitt werden drei bis vier Seitentriebe ausgewählt und zurückgeschnitten; die Stammverlängerung belässt man eine Scherenlänge über dem Ende der Seitentriebe

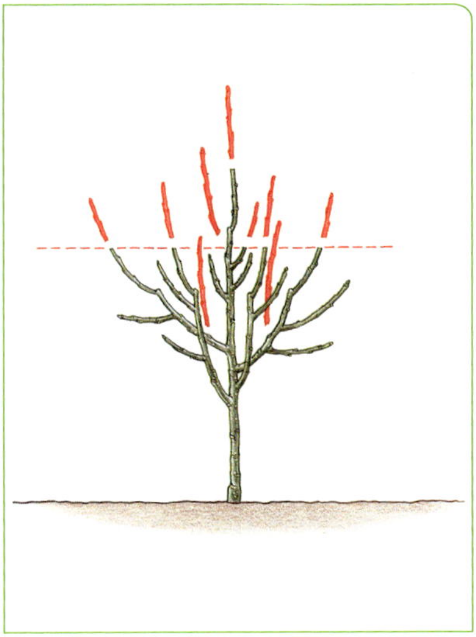

Erziehungsschnitt bei pyramidaler Kronenform

Dreijährige blühende Pflaumenspindel

Vierjährige Pflaumenspindel im Ertrag

gewachsen, müssen sie in eine mehr waagerechte Stellung gebracht werden.

Zusätzlich kann man die Spitzen- und Konkurrenzknospen ausbrechen und fördert so die Kurztriebbildung.

Erneuerungsschnitt

Mit einsetzendem Ertrag kommt es bei Pflaumen zu einer bogenförmigen Fruchtaststellung. Dadurch werden sowohl auf dem Scheitelpunkt als auch an der Basis des Fruchtastes Neutriebe gebildet.

Diese können ohne Probleme zur Erneuerung abgetragener Fruchtäste verwendet werden. Es wird bis an diese Triebe zurückgeschnitten.

Mehrjähriger Fruchtast

Verjüngungsschnitt
Lässt die Wuchsleistung nach und die Fruchtqualität ist nicht mehr befriedigend, muss man das Gehölz zur Bildung von neuen Langtrieben anregen. Wie bei der Süßkirsche wird dazu der Rückschnitt in den älteren Astbereich auf Kurztriebe vorgenommen.

Tellerkrone

Die Tellerkrone ist bei Pflaumen eine spezielle Erziehungsart, die vor allem in Obstgärten des Rheingebietes und Württembergs vorzufinden ist. Charakteristisch sind für die Erziehungsform: Die freie Stammlänge bemisst etwa einen Meter. Die Gerüstäste haben eine flache Stellung von 45° oder auch weniger. Die Gerüstäste sind gleichrangig in ihrer Entwicklung im Gegensatz zur Stammverlängerung, die unter dem Niveau der Gerüstäste zu halten ist.

Wichtig bei dieser Erziehung ist der jährliche strenge Fruchtholzschnitt. Der Vorteil der Erziehung liegt in der guten Belichtung der Früchte im Kroneninneren. Nachteilig sind der jährlich hohe Schnittaufwand und der größere Standraum des Baumes.

U-Form

Günstig ist für die Erziehung zu dieser Spalierform die Verwendung schwächer wachsender Unterlagen, beispielsweise ‘St. Julien GF 655/2’.

Das Gehölz muss nur zwei seitlich ausgerichtete Triebe haben. Es wird so gepflanzt, dass die Seitentriebe parallel zum Spalier verlaufen. Zwischen den später verlaufenden senkrechten Achsen soll der Abstand 60 bis 80 cm betragen.

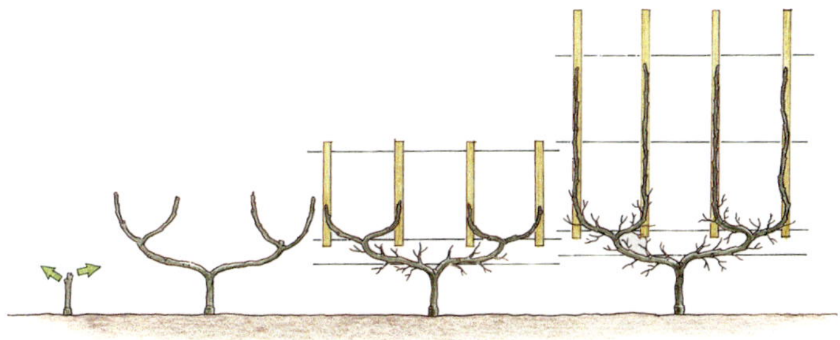

Erziehung einer doppelten U-Form (von links nach rechts): Rückschnitt des Gehölzes auf ein nach rechts und ein nach links gerichtetes Auge; die nach oben gerichteten Triebspitzen fördern das Längenwachstum, Rückschnitt der beiden Kordonarme in der Höhe des nächsten Spalierdrahtes; Ableiten der Austriebe am Spalierdraht; Austriebe werden am Spalier nach oben geleitet

Pflanzschnitt
Die Seitentriebe werden in einem Winkel von etwa 45° am Spalier befestigt. Konkurrenzknospen unterhalb der Spitzenknospe werden ausgebrochen. Der Winkel der Triebe bewirkt, dass jeweils die Spitzenknospen kräftig austreiben.

Erziehungsschnitt
Bilden sich aus den Knospen auf der Trieboberseite Austriebe, entspitzt man sie bei einer Länge von etwa 15 cm. Das kann zu einem erneuten Durchtreiben von Blattachselknospen führen. Dann muss nach Triebabschluss nochmals auf drei bis vier Blätter zurückgeschnitten werden. Mit Abschluss des Längenwachstums wird der untere Triebteil so weit waagerecht gestellt, dass der oben genannte Abstand erreicht wird. Die Triebe sind an der Biegestelle zu fixieren. Die beiden Triebverlängerungen werden senkrecht am Spalier befestigt.

Im folgenden Frühjahr bricht man wieder die Konkurrenzknospen unterhalb der Spitzenknospe aus. Die seitlichen Knospen bleiben unbehandelt. Aus ihnen soll sich das Fruchtholz bilden. Aus den Seitenknospen dürfen sich keine Langtriebe entwickeln. Das

Bei der fertiggestellten U-Form sind Schnittmaßnahmen im Sommer erforderlich

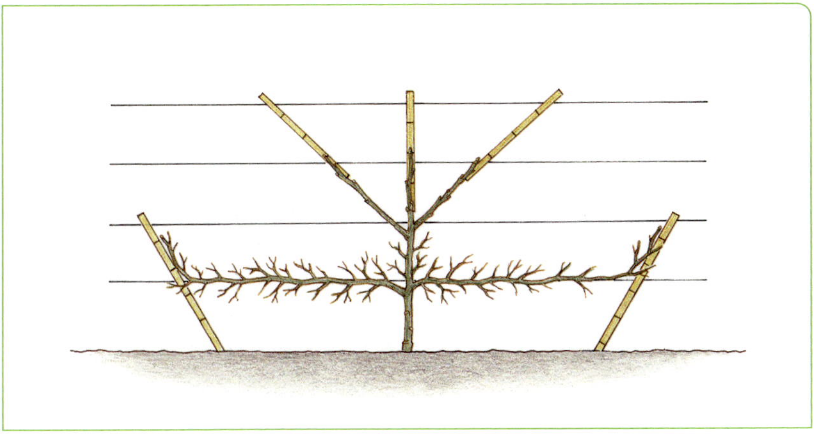

Ein endgültiges Waagerechtstellen ist erst dann möglich, wenn die Palmette seitlich ihren vorgegebenen Standraum ausgefüllt hat

kann insbesondere auf den waagerecht gestellten Trieboberseiten geschehen. Es kommt zur Ständertriebbildung. Diese Triebe müssen entspitzt werden. Die Triebverlängerungen aus den Spitzenknospen befestigt man am Spalier.

Haben die beiden senkrechten Arme die Spalierhöhe erreicht, werden im Frühjahr außer den Konkurrenzknospen auch noch die Spitzenknospen ausgebrochen. Die Triebspitze darf nicht abgeschnitten werden, da sonst durch den Saftstau an der Schnittstelle die darunter sitzenden Knospen zum starken Austrieb angeregt werden und die Funktion der Triebverlängerung übernehmen. Über die weitere Standzeit des Gehölzes ist unbedingt die Langtriebbildung zu unterbinden.

Palmetten

Für Palmettenformen sollten etwas stärker wachsende Unterlagen, beispielsweise *Prunus* ‘Marianna GF 8/1’ oder ‘Fereley’, verwendet werden. Grundsätzlich ist ein Gehölz mit einer Stammverlängerung erforderlich. Es ist die Erziehung als Verrier-Palmette oder auch als Palmette mit schrägen Ästen möglich. Die Verrier-Palmette vereinigt in sich geschachtelte U-Formen. Bei der Palmette mit schrägen Ästen verlaufen in Etagen von der Mittelachse schräg abgehende Fruchtäste. Der Abgangswinkel sollte aber weniger als 45° betragen, da sonst das Wachstum stark gefördert wird.

Pfirsich

Der Pfirsich muss jährlich geschnitten werden. Wird der Schnitt auch nur ein Jahr unterlassen, führt das unweigerlich zur Verkahlung der Triebe und somit zum frühzeitigen Vergreisen des Gehölzes.

Die Erziehung ist als Niederstamm oder als Busch mit pyramidaler Krone (mit Stammverlängerung) oder mit Hohlkrone (ohne Stammverlängerung), als Spindel oder in Spalierform als Freier Fächer möglich.

Niederstamm

Pflanzschnitt

Pflanzmaterial sollte eine zweijährige Veredlung sein. Die freie Stammlänge von etwa 70 cm ist bereits in der Baumschule hergestellt. Die zukünftigen drei bis vier Gerüstäste werden um etwa zwei Drittel zurückgeschnitten, sodass sie in einer Ebene enden. Die Stammverlängerung belässt man etwa 30 cm länger.

Erziehungsschnitt und Fruchtholzschnitt

Im folgenden Frühjahr werden in das Kroneninnere wachsende Triebe entfernt. Die anderen Triebe kürzt man um etwa ein Drittel ein. Das fördert die weitere Verzweigung. Im nächsten Frühjahr beginnt im unteren Kronenbereich der Fruchtholzschnitt. Im oberen Bereich wird der Erziehungsschnitt fortgesetzt. Bei diesen Schnittmaßnahmen kann man die Blüte abwarten, um auf mögliche Spätfrosteinwirkungen beim Fruchtholzschnitt reagieren zu können. Beim Fruchtholzschnitt entfernt man „falsche“ Fruchttriebe an ihrer Basis oder schneidet sie auf Stummel zurück, damit die Blattknospen an der Basis austreiben. Die „wahren“

Fruchttriebe schneidet man so weit zurück, dass etwa fünf Fruchtansätze je Trieb bleiben. Dann geht es an den Rückschnitt im oberen Kronenbereich. Es muss so weit zurückgeschnitten werden, dass die Kronenform pyramidal bleibt.

Busch

Für die Erziehung als Busch sind einjährige Veredlungen gut geeignet. Die kräftige Mittelachse ist über die gesamte Länge mit Seitentrieben besetzt.

Pflanzschnitt

Im Bereich des zukünftigen Stammes von 50 bis 60 cm Länge werden alle Triebe entfernt. Dann werden drei bis vier gleichmäßig um die Mittelachse

Rückschnitt auf einen Jahrestrieb an der Basis zu älterem Holz; der Jahrestrieb wird eingekürzt (1) und an der Basis wird ein zusätzlicher Zapfen belassen (2)

Austrieb nach dem Pflanzschnitt (links) und mögliche Triebbehandlung in der Vegetationszeit (rechts) – Pinzieren und Abspreizen

verteilte Triebe ausgewählt und auf zwei bis maximal drei Knospen zurückgeschnitten. Die Erziehung ist mit oder ohne Stammverlängerung möglich.

Erziehungsschnitt

Der kräftige Rückschnitt bewirkt kräftige Austriebe. Es handelt sich hierbei um Holztriebe, die man im zweiten Standjahr zurückschneidet. Dadurch wird eine gute Verzweigung erreicht. Die Stärke des Rückschnittes ist abhängig von der Wuchsstärke. Bei starkem Wachstum werden die Triebe um ein Drittel bis zur Hälfte in ihrer Länge verringert.

Ist das Wachstum dagegen recht schwach, müssen zwei Drittel entfernt werden, um kräftige Austriebe zu erzielen. Durch diese Schnittmaßnahmen wird Schritt für Schritt ein leistungsfähiges Kronengerüst aufgebaut.

Verjüngungsschnitt

Es wird von Zeit zu Zeit erforderlich sein, den Pfirsichbaum zu verjüngen. Notwendig wird diese Maßnahme besonders dann, wenn sich die Ertragszone an die Kronenperipherie verlagert hat und sich im Kroneninneren kein Neuwuchs mehr bildet. Bei der Verjüngung wird bis in das Altholz zurückgeschnitten. Dabei sind jüngere Äste, die sich besonders auf der Astoberseite als sogenannte „Reiter" gebildet haben, zu schonen und in die Neugestaltung der Krone einzubeziehen. Der Verjüngungsschnitt muss im

Rückschnitt im zweiten Standjahr

Rückschnitt auf einen „Reiter"

gesamten Kronenbereich gleichmäßig durchgeführt werden. Ansonsten besteht die Gefahr einer asymmetrischen Kronenentwicklung.

Spindel

Pflanzschnitt

Im Bereich des zukünftigen Stammes von 50 bis 60 cm Länge werden alle Triebe entfernt. Dann werden drei bis vier gleichmäßig um die Mittelachse verteilte Triebe ausgewählt und auf zwei bis maximal drei Knospen zurückgeschnitten. Die Stammverlängerung wird auf 30 cm über dem obersten Triebstummel eingekürzt.

Pflanzschnitt

Erziehungs- und Fruchtholzschnitt

Im zweiten Jahr schneidet man die Austriebe nicht zurück, sondern stellt sie waagerecht.

Die Seitentriebe sollen sich nicht zu Gerüstästen entwickeln, sondern werden bereits im Folgejahr fruchttragende Triebe sein. Aufgrund der Last von Früchten und Blättern haben diese Triebe eine leicht hängende Stellung. Dadurch kommt es an deren Basis zur Bildung von Neuwuchs. Dieser bildet das neue Fruchtholz im kommenden Jahr. Das abgetragene Fruchtholz wird entfernt.

Erst wenn der Baum die gewünschte Höhe erreicht hat, schneidet man die Stammverlängerung über einem flach verlaufenden Seitenast weg.

Freier Fächer

Bei dieser Erziehung sind die Fruchtholz tragenden Äste unregelmäßig angeordnet. Die einzelnen Äste bindet man schräg aufwärts an das Lattenspalier. Seitlich angeordnete Äste sollten einen Abstand von 50 bis 70 cm übereinander haben, damit eine ausreichende Belichtung gewährleistet ist. Hohe Wandspaliere, die mehrere Astetagen erfordern, setzen das Vorhandensein einer Stammverlängerung voraus. Damit sich die untere Astpartie kräftig entwickeln kann, ist der Mitteltrieb kräftig zurückzuschneiden. Wird dies unterlassen, kommt es zur Förderung des Mitteltriebes und somit sehr schnell zur Unterdrückung der unteren Astserie sowie zum Überbauen der Krone (Kopflastigkeit).

Entwicklung eines Freien Fächers; links: Rückschnitt des Gehölzes auf 40 cm, 4 Augen kommen zum Austrieb, rechts: Anbinden der Triebe schräg am Spalier

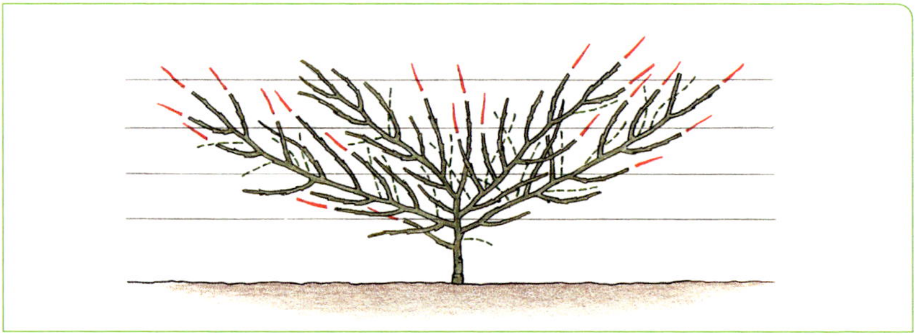

Einkürzen von „wahren" Fruchttrieben und Entfernen überflüssiger Holztriebe, alle Triebe benötigen ausreichend Licht

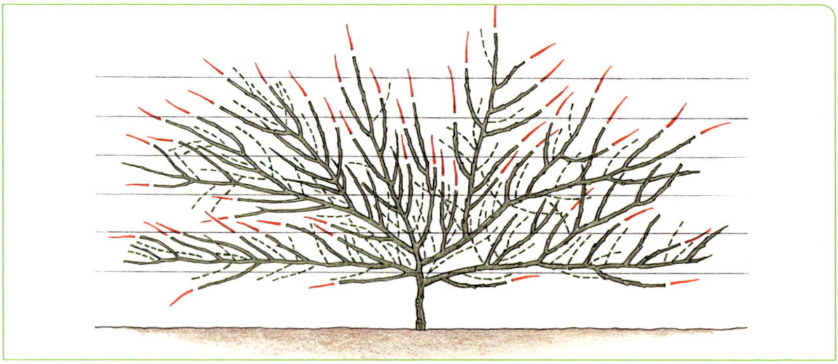

Entfernen von „falschen" Fruchttrieben, senkrecht stehenden Trieben und Einkürzen von „wahren" Fruchttrieben

Aprikose

Günstige Erziehungsformen für die Aprikose sind zum einen der Busch mit Stammverlängerung zu einer pyramidalen Krone für freistehende Gehölze. Halb- und Hochstamm sind ebenfalls möglich. Zu beachten ist jedoch der spätere Ertragseintritt. Weiterhin bietet die Spaliererziehung als formloser Fächer bevorzugt für Standorte, die den sehr hohen Wärmeansprüchen der Aprikose nicht entsprechen, noch die Möglichkeit des Anbaus. Im Gegensatz zu Pfirsichen und Nektarinen haben Aprikosen ein deutlich stärkeres Wachstum, dem man bei der Erziehung Rechnung tragen muss. Außerdem fruchten sie an Bukettsprossen und auch beginnend an zweijährigen Langtrieben.

Busch, Nieder-, Halb- und Hochstamm

Pflanzschnitt

Beim Busch entfernt man zuerst alle Triebe im Bereich des zukünftigen Stämmchens in einer Höhe von etwa 50 bis 60 cm über der Bodenoberfläche. Bei Nieder-, Halb- und Hochstamm ist die Stammlänge in der Baumschule bereits vorgegeben. Danach werden drei bis vier Seitentriebe ausgewählt und auf Saftwaage geschnitten. Die Stammverlängerung wird etwa eine Scherenlänge über dem Niveau der Seitentriebe belassen. Auf eine Stammverlängerung sollte bei der Aprikose nicht verzichtet werden, da es sonst mit zunehmendem Baumalter sehr schnell zum Astbruch kommen kann.

Verschiedene Triebformen der Aprikose; links: Langtrieb mit Blattknospen, Mitte: Langtrieb mit Blatt- und Blütenknospen, rechts: Kurztrieb mit Blatt- und Blütenknospen

Triebformen der Aprikose; links: älteres Fruchtholz, rechts: Blütenknospen flankieren eine Blattknospe

Erziehungsschnitt
Es werden sich sehr kräftige Langtriebe entwickeln. Alle Triebe, die in das Kroneninnere wachsen, entfernt man. Sehr steil stehende Triebe muss man herabbinden oder mit Gewichten beschweren, damit sie eine mehr waagerechte Stellung bekommen. Die Bildung von Kurztrieben wird dadurch gefördert. Aprikosen verzweigen sich auf natürliche Weise nur ungern. Es ist deshalb erforderlich, durch den Rückschnitt der Langtriebe oder durch Ausbrechen der Spitzenknospe die Verzweigung zu fördern. Unter Beachtung der Astrangordnung wird so in den ersten vier bis fünf Standjahren die Krone aufgebaut.

Instandhaltungsschnitt
Ein strenger Fruchtholzschnitt wie beim Pfirsich oder der Nektarine ist bei der Aprikose nicht erforderlich. Aprikosen fruchten an Lang- und Kurztrieben. Letztere haben unter günstigen Belichtungsverhältnissen eine lange Lebensdauer.

Ziel des Instandhaltungsschnitts ist der Erhalt der Triebkraft des Baumes. Lässt diese nach, kann man analog wie bei der Süßkirsche in den älteren Astbereich zurückschneiden und regt damit die Bildung neuer Langtriebe an.

Aprikosenbaum der Sorte 'Feriana'

Pflanzschnitt für eine Spindel

Spindel

Pflanzschnitt

Es wird die beim Busch erläuterte freie Stammverlängerung von 50 bis 60 cm hergestellt. Die Seitentriebe werden nicht eingekürzt, sondern durch geeignete Hilfsmaßnahmen in eine waagerechte Stellung gebracht. Die Stammverlängerung wird nicht angeschnitten. Konkurrenzknospen unterhalb der Spitzenknospe an den Seitentrieben und am Mitteltrieb bricht man aus. Dadurch wird die Bildung von Konkurrenztrieben verhindert.

Erziehungsschnitt

Im ersten Vegetationsjahr ist darauf zu achten, dass eine waagerechte Stellung des Neuwuchses beibehalten bleibt. Wachsen Knospen steil aufrecht aus den Seitentrieben heraus, müssen

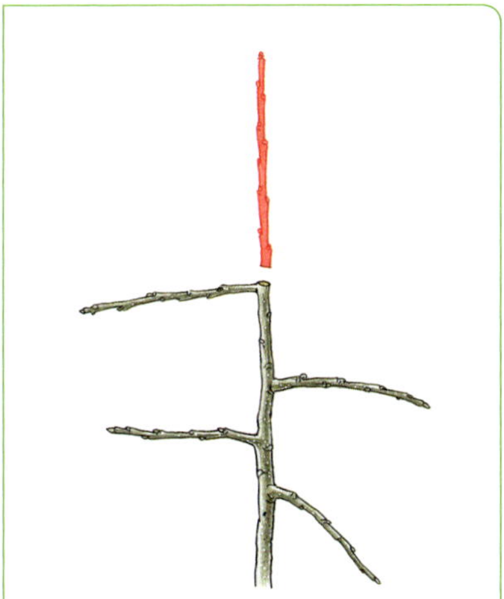

Das Gehölz hat die gewünschte Höhe erreicht, man schneidet die Stammverlängerung auf einen flach verlaufenden Trieb zurück

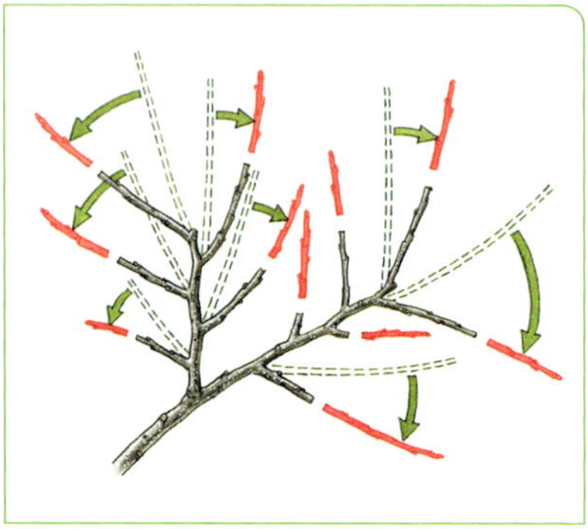

Rückschnitt und Formieren bei der Fächererziehung

sie waagerecht gestellt werden, oder, wenn das nicht möglich ist, entspitzt man sie. Sie bilden dadurch später zusätzlich Fruchtholz. Mit Beginn des zweiten Vegetationsjahres werden wieder Konkurrenzknospen um die Spitzenknospe aller Triebe herum ausgebrochen.

Haben sich dennoch steil stehende Triebe entwickelt, schneidet man sie auf Zapfen auf ein nach außen gerichtetes Auge zurück. Die Austriebe aus den Augen müssen entspitzt werden. Diese Maßnahmen werden fortgesetzt, bis der Baum die gewünschte Höhe und Breite erreicht hat. Soll die Höhe begrenzt werden, ist die Stammverlängerung auf einen flach verlaufenden Seitenast zurückzuschneiden.

Freier Fächer

Ein derartiges Aprikosenspalier benötigt eine Wandfläche von 6 bis 8 m². Die Formierung erfolgt, indem man die einzelnen Äste schräg aufwärts gerichtet an das Lattenspalier bindet. Seitlich angeordnete Äste sollten einen Abstand von 50 bis 70 cm haben, damit eine ausreichende Belichtung gewährleistet ist. Hohe Wandspaliere, die mehrere Astetagen erfordern, setzen das Vorhandensein einer Stammverlängerung voraus. Damit sich die untere Astpartie gut entwickeln kann, ist der Mitteltrieb kräftig zurückzuschneiden. Wird dies unterlassen, kommt es zur Förderung des Mitteltriebes und somit sehr schnell zur Unterdrückung der unteren Astserie sowie zum Überbauen der Krone (Kopflastigkeit).

Pflanzschnitt

Die freie Stammlänge beträgt etwa 60 cm. Der Baum ist so zu pflanzen, dass je ein Seitentrieb nach rechts und links am Spalier im Winkel von 45° befestigt wird. Konkurrenzknospen an den Triebspitzen sind auszubrechen. Der Mitteltrieb muss eine Länge von 50 bis 70 cm über der Ansatzstelle der Seitentriebe haben. Auch bei ihm sind Konkurrenzknospen auszubrechen. Die nächsten Verzweigungen sollen etwas versetzt (nicht als Quirl) am Mitteltrieb herauswachsen.

Erziehungsschnitt

Langtriebe, die sich auf der Oberseite der schräg formierten Triebe bilden, werden wieder schräg am Spalier befestigt. Sollten sie über das Niveau der nächsten Serie der Seitentriebe hinauswachsen, werden sie entspitzt. Stehen sie zu dicht, sind sie mittels Herausreißen zu vereinzeln. Entsprechend der Höhe des Wandspaliers werden mehrere Astetagen gebildet. Ist die gewünschte Höhe erreicht, wird der Mitteltrieb seitlich abgeleitet.

Der optimale Lichteinfall gewährleistet leistungsfähiges Fruchtholz und gut ausgereifte Früchte

Beim weiteren Aufbau sind die unteren drei Etagen abgeschlossen; bei den beiden oberen Etagen muss das Wachstum durch schräg aufrecht gerichtete Triebspitzen noch gefördert werden

Die gesamte Spalierfläche muss gleichmäßig mit fruchttragenden Ästen besetzt sein.

Palmetten

Als Pflanzmaterial eignet sich am besten ein Gehölz mit einer bereits in der Baumschule in 30 cm Höhe gebildeten ersten Etage. Die beiden Seitentriebe werden in einem Winkel von 45° vorerst am Spalier befestigt. Das fördert den Austrieb der Spitzenknospe und das Längenwachstum. Sind die Triebe noch nicht so lang, dass sie an den nächsten Draht heranreichen, kann man dies durch Latten oder Tonkingstäbe unterstützen, die im Winkel von 45° angebracht sind. Der Mitteltrieb wird etwas unter dem Niveau der Seitentriebe gehalten, damit sich die Seitentriebe kräftigen.

Im folgenden Jahr werden die Seitentriebe waagerecht am Spalierdraht befestigt, mit Ausnahme des vorderen Teiles, der schräg nach oben gelenkt werden muss. Dadurch wird die Spitzenknospe in Austrieb und Wachstum gefördert. Das endgültige Waagerechtstellen ist erst dann möglich, wenn die Palmette seitlich ihren vorgegebenen Standraum ausfüllt. Die nächste Etage befindet sich etwa 30 cm über der ersten. An dieser Stelle muss die gleiche Konstellation der Seitenknospen und Spitzenknospe vorhanden sein wie bei der unteren Etage. Das Formen der Triebe erfolgt wie bei der unteren Etage. Austriebe auf der Länge des waagerecht gestellten Holzes müssen entspitzt werden, damit sie sich zu Fruchtholz entwickeln.

In dieser Weise wird Etage für Etage aufgebaut, bis die mögliche Höhe erreicht ist. Es ist aber unbedingt darauf zu achten, dass mit dem Aufbau einer neuen Etage erst dann begonnen wird, wenn sich die unteren Etagen kräftig genug entwickelt haben.

Himbeere

Bei Himbeeren wird je nach Reifezeit in Sommer- und Herbsthimbeeren unterschieden. Beim Erhaltungsschnitt unterscheiden sich die beiden Formen.

Pflanzschnitt

Sommersorten werden je nach den Bodenverhältnissen auf trockneren Standorten auf etwa 20 cm Länge und auf feuchteren Standorten auf etwa 50 cm Länge geschnitten. Herbstsorten werden bodennah zurückgeschnitten.

Erziehungsschnitt

Im Frühjahr bilden sich aus Adventivknospen an der Wurzel neue Austriebe. Die alten, angeschnittenen Ruten entfernt man bodennah. Gleiches gilt für kranke und schwache Triebe. Acht bis zehn gut entwickelte Ruten sollen je laufendem Meter verbleiben. Sie werden am Spalier befestigt.

Pflanzschnitt mit Detail der austreibenden schlafenden Knospen

Erhaltungsschnitt

Bei den Sommersorten entfernt man nach der Ernte alle zweijährigen abgetragenen Ruten. Gleiches trifft für schwache und kranke Ruten zu. Es verbleiben acht bis zehn gut entwickelte Ruten je laufendem Meter.

Die Ruten der Herbstsorten werden ausgangs des Winters bodennah weggeschnitten. Wenn im Frühjahr die neuen Ruten zu wachsen beginnen, werden auch hier nur die kräftigsten belassen. Die Anzahl je Meter entspricht der bei Sommersorten.

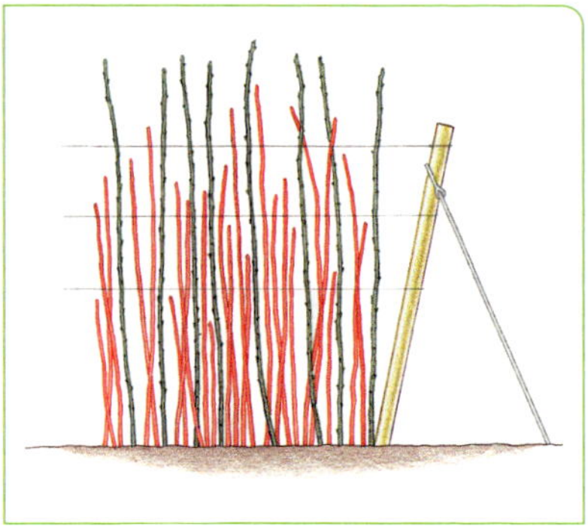

Vereinzeln auf acht bis zehn einjährige Ruten je Meter

Brombeere

Bei Brombeeren gibt es stark bewehrte und stachellose Sorten. Letztere sind im Wachstum etwas schwächer. Zur Erziehung ist ein Spalier erforderlich. Die Brombeere fruchtet an den im Vorjahr gebildeten Ruten.

Pflanzschnitt

Es werden bis auf die kräftigste Rute alle anderen bodennah weggeschnitten. Die verbleibende Rute wird auf etwa 30 cm eingekürzt.

Erziehungsschnitt

Je Pflanze zieht man im Pflanzjahr drei bis vier Ruten heran. An den jungen Ruten bilden sich oft Geiztriebe aus den Blattachseln. Diese werden auf Zapfen mit mindestens einem Blattstand zurückgeschnitten.

Erhaltungsschnitt

Abgetragene Ruten werden bodennah weggeschnitten. Junge Ruten reduziert man, sodass etwa sechs je Pflanze verbleiben. Bei Frostschäden wird bis in den gesunden Bereich zurückgeschnitten. Haben sich aus dem Wurzelbereich zu wenige Ruten entwickelt, können auch Geiztriebe an der Basis als Rute genutzt werden.

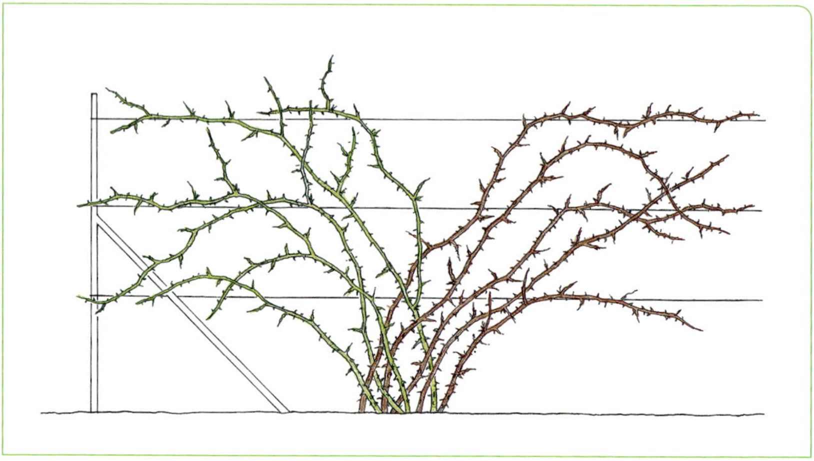

Fächersystem bei Brombeeren

Rückschnitt der Geiztriebe

Johannisbeere und Stachelbeere

Der natürliche Wuchs der Roten und Weißen Johannisbeere (*Ribes rubrum* var. *domesticum*) sowie der Schwarzen Johannisbeere (*Ribes nigrum*) ist stark und rundlich gedrungen. Die Kultursorten der Stachelbeere sind der Art *Ribes uva-crispa* L. zuzuordnen. Johannis- und Stachelbeeren können als Strauch, Fuß- oder Hochstämmchen angebaut werden. Die Spaliererziehung als Spindel, Zwei- oder Dreiasthecke sind die intensivsten Formen des Anbaus.

Strauch (Busch)

Pflanzschnitt

An der Pflanze werden drei bis maximal fünf Triebe belassen, die um den Wurzelhals gleichmäßig verteilt sind. Sie werden auf die Hälfte eingekürzt. Weitere Triebe entfernt man.

Erziehungsschnitt

Der Grundsatz bei der Straucherziehung besteht im regelmäßigen Rückschnitt der Fruchtäste, wodurch ständig neue Fruchttriebe aus dem Wurzelhalsbereich nachwachsen.

Erhaltungsschnitt

Die fruchttragenden Äste sollen nicht älter als vier Jahre werden. In einem Strauch hat man somit ein-, zwei-, drei- und vierjährige Astbereiche. Die vierjährigen werden nach dem Fruchtertrag aus dem Strauch entfernt. Die Strauchkrone muss luftig sein, sodass auch flach verlaufende Fruchtäste bodennah zu entfernen sind. Mit der Wahl des Schnittzeitpunktes kann auch bei Strauchbeerenobst das Wachstum gefördert oder gemindert werden. Im Winter geschnitten, wachsen im Frühjahr kräftige Austriebe.

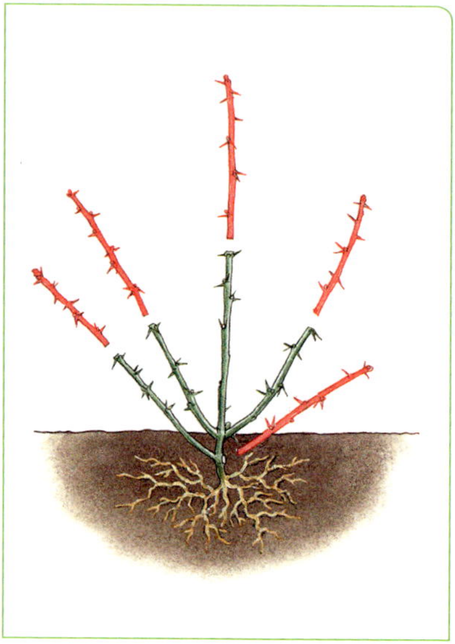

Pflanzschnitt bei der Straucherziehung

Schneidet man gleich nach der Ernte, verringert sich das Wachstum.

Spindel

Die Spindelerziehung setzt den Bau eines Gerüstes mit einem Draht in Höhe von 1,50 m über dem Boden voraus. Als Pflanzmaterial werden Gehölze verwendet, die auch für die Straucherziehung geeignet sind. Man belässt beim Pflanzschnitt nur einen senkrecht stehenden Trieb, der nicht eingekürzt wird. Alle anderen werden bodennah entfernt. Es soll die Triebspitzenknospe des senkrechten Triebes im Wachstum gefördert werden. Im ersten Standjahr kommt es außerdem zur Seitentriebbildung an der Stammverlängerung. Diese Seitentriebe müssen entspitzt werden, damit die Wuchskraft weiter in die senkrechte Achse geleitet wird. Eine solche Spin-

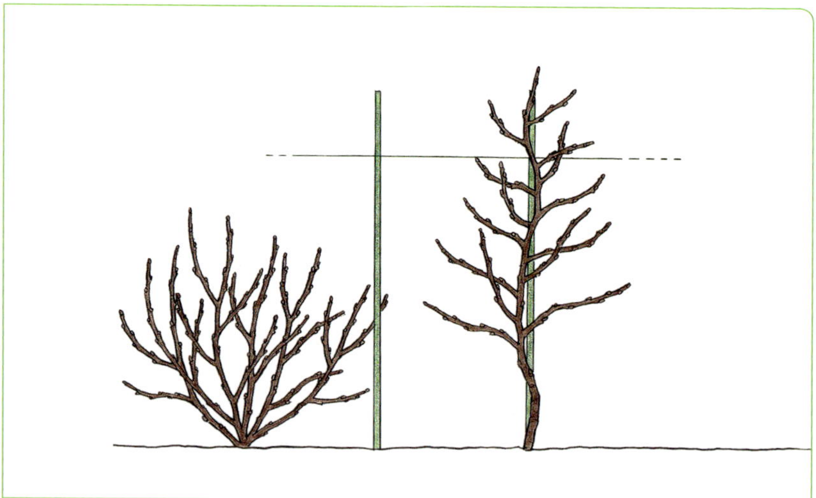

Straucherziehung und Spindelerziehung

Zweijährige Spindel

Fruchtbehang der Johannisbeersorte 'Werdavia'

del erreicht im Endeffekt eine Höhe von 1,60 bis 1,80 m. Die Höhe kann durch den Rückschnitt auf einen flach verlaufenden Seitentrieb reduziert und auch beibehalten werden. Abgetragenes Fruchtholz wird auf Stummel bis zur senkrechten Basis zurückgeschnitten. Dadurch entstehen neue fruchttragende Triebe.

Zweiasthecke

Für eine Zweiasthecke sind starkwüchsige Pflanzen und kräftiger Boden die Voraussetzung. Die Zweiasthecke wird wie die Spindel erzogen. Der Unterschied besteht nur darin, dass zwei senkrechte Triebe im Abstand von 30 bis 40 cm voneinander nach oben gezogen werden. Alle weiteren Schnittmaßnahmen entsprechen denen der Spindel.

Zweiasthecke

Hochstamm

Beim Hochstamm sollte eine Stammverlängerung mit vier bis fünf Seitentrieben erzogen werden. Die Stammverlängerung mit ihrer senkrechten Stellung garantiert die Wachstumsförderung auch im späteren Alter des Gehölzes. Zur Verzweigungsförderung werden die Seitentriebe und die Stammverlängerung um die Hälfte eingekürzt. Wie beim Strauch gilt es, vierjährige abgetragene Fruchtäste an der Basis wegzuschneiden. Haben sich an der Basis des alten Fruchttriebes neue Austriebe gebildet, werden diese die neuen Fruchttriebe.

Überalterte, überhängende Triebe entfernt und kürzt man

Kiwi

Actinidia arguta und *A. deliciosa* sind von Natur aus mehr strauchartige linkswindende Schlingpflanzen. Aktinidien sind zweihäusig, das heißt, es gibt männliche und weibliche Pflanzen. Das ist beim Betrachten des Blüteninneren sehr gut zu sehen. Weibliche Blüten haben strahlenförmig angeordnete Griffel. Bei den männlichen Blüten sind die gelben Staubgefäße deutlich zu sehen. Selbst wenn bei den sogenannten „selbstfruchtbaren Sorten“ männliche und weibliche Blütenorgane in einer Blüte vereint sind, wird oft nur ein verminderter Fruchtertrag gebildet. Das liegt an der schlechteren Pollenqualität bei diesen Sorten. Für die Erziehung als Spalier eignen sich die Form des Freien Fächers, die Palmettenform und die Dachlaubenerziehung.

Pflanzschnitt

Bei der Erziehung zum Freien Fächer muss kein Stamm vorhanden sein. Die aus dem Wurzelhals entspringenden Triebe werden fächerartig an das Spalier geleitet. Einmal an das Spalier angeleitet, erübrigt sich ein ständiges Anbinden der Triebe, da diese selbständig durch linksdrehende Windungen um das Spaliermaterial einen festen Halt finden.

Bei der Palmetten- und der Pergolenerziehung sind die Pflanzen mit Stamm zu erziehen. Die unteren Leitäste werden wie beim Freien Fächer erzogen. Seitentriebe der oberen Leitäste werden zur Bedeckung der Pergola genutzt. Die Leitäste seitlich und oberhalb der Pergola bilden zukünftig Altholz als Basis für fruchttragendes Seitenholz. Die waagerechten Drähte sind im Abstand von 80 bis 100 cm am

Entwicklung einer Kiwi-Knospe

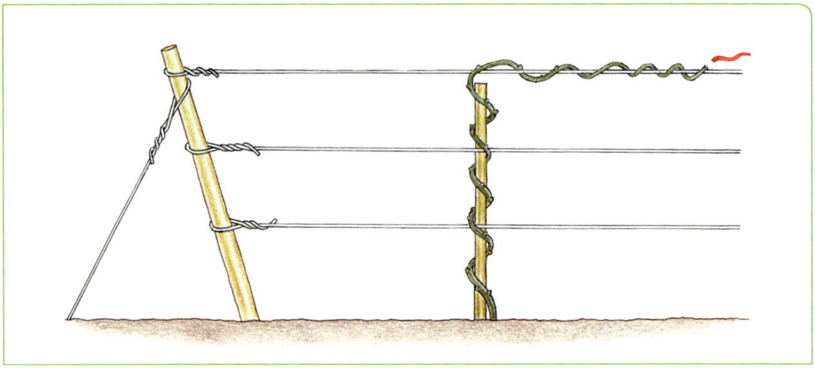

Junge Pflanze am Spalier

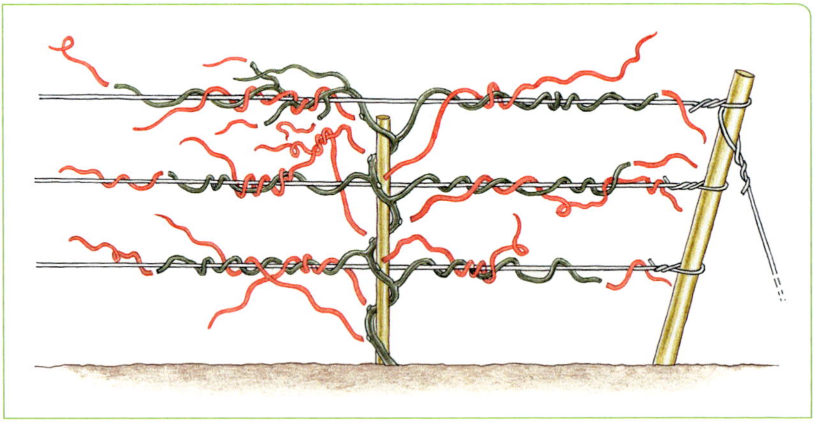

Jeder Draht wird nur mit einem Gerüstast belegt

Gerüst zu ziehen. Der Pflanzenabstand sollte aufgrund des starken Wachstums nicht unter 3,00 m gewählt werden.

Erziehungsschnitt

Aktinidien sind einem regelmäßigen Schnitt zu unterziehen. Kann das nicht gewährleistet werden, wachsen die begünstigten Triebe meterlang, was aufgrund ihrer Neigung zum Verkahlen unerwünscht ist. Gerade bei dieser Obstart ist deshalb während der Vegetationszeit ein mehrmaliges Einkürzen der Sommertriebe notwendig. Diese Maßnahme begünstigt eine frühzeitige Fruchtbarkeit, da vor allem die drei bis vier basalen Knospen Fruchtzweige hervorbringen. Außerdem wird eine gute Verzweigung erzielt. Konkurrierende Triebe sind gänzlich zu entfernen.

Erhaltungsschnitt

Im Ertragsstadium befindliche Pflanzen werden während des beginnenden Frühjahres geschnitten. Dabei orientiert man sich auf einen Fruchtastumtrieb im dreijährigen Rhythmus. Es werden abgetragene Fruchtäste gegen junge ausgetauscht, indem die abgetragenen Äste auf Astring entfernt werden. Neutriebe, die in diesem Zyklus benötigt werden, sind zu schonen und am Spalier anzuheften.

Um ausreichend Neutriebe zum Fruchtastumtrieb – vor allem an der Basis – zu erhalten, sind während der Vegetationszeit fruchttragende Triebe erstmalig vier bis fünf Augen hinter der letzten Frucht einzukürzen. Der sich später neu entwickelnde Austrieb wird wiederum eingekürzt. Allerdings sind dann zwischen beiden Schnittstellen nur ein bis zwei Augen Distanz. Durch diesen ständig unterbrochenen Assimilatestrom werden vorrangig die Basisknospen zum Austrieb angeregt und ein Abwandern der Ertragszone zur Peripherie wird verhindert.

Sommerschnitt

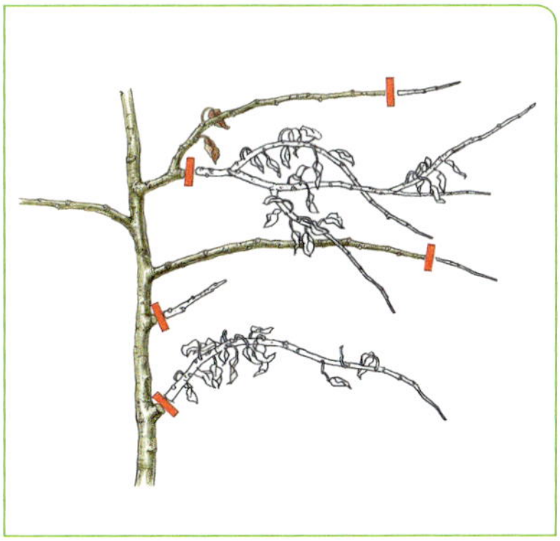

Schnitt ausgangs des Winters

Kulturheidelbeere

Die Kulturheidelbeere ist nordamerikanischen Ursprungs und stammt somit nicht von der in Europa heimischen Waldheidelbeere ab. Im Gegensatz zu dieser können Kulturheidelbeeren über zwei Meter hoch werden. Auch in der Fruchtgröße unterscheiden sich Kulturheidelbeeren von ihren europäischen Verwandten. Sie fruchten am einjährigen Holz. Deshalb ist durch jährlichen Schnitt für genügend Neuwuchs zu sorgen.

Für eine ausreichende Blütenbildung ist eine gute Belichtung erforderlich.

Pflanzschnitt

Über die Erforderlichkeit gehen die Meinungen auseinander. Der Pflanzschnitt, entsprechend dem von Johannisbeersträuchern, hat den Vorteil, dass in den ersten zwei Jahren die Blüten reduziert werden und das Wachstum gefördert wird.

Erhaltungsschnitt

Der Erhaltungsschnitt entspricht dem von Johannisbeeren. Im Heidelbeerstrauch sollen sich ein-, zwei- und dreijährige Ast- und Triebbereiche befinden. Ältere Triebe sind bodennah zu entfernen.

Walnuss

Der Walnussbaum benötigt im Ertragsalter einen sehr großen Standraum. Aus diesem Grund ist er nur für große Gärten und Streuobstwiesen geeignet. Walnussbäume bilden üppige, naturnahe Kronen. Walnuss kann als veredelter Heister oder Hochstamm gepflanzt werden, wobei dem Heister der Vorzug zu geben ist. Das Verhältnis zwischen Wurzelkrone und der Triebanzahl bzw. der jungen Krone ist günstiger als beim Hochstamm. Man bestimmt beim Heister die Stammlänge selbst, die beim Hochstamm bereits durch die Baumschule vorgegeben ist. Zu beachten sind der hohe Wärme- und Wasserbedarf.

Pflanzschnitt

Beim Heister wird die freie Stammlänge hergestellt. Drei bis fünf Seitenverzweigungen kürzt man ein.

Erziehungsschnitt

Das Gehölz formt sich in der Regel selbst, sodass ein klassischer Erziehungsschnitt nicht erforderlich ist.

Erhaltungsschnitt

Bei älteren Bäumen wird sich durch die Ertragsleistung der jährliche Zuwachs in Grenzen halten. In Jahren, in denen der Ertrag durch Frost im Frühjahr ausfällt, verstärkt sich die Triebleistung wieder. Ein Erhaltungsschnitt ist in der Regel nicht erforderlich. Sollten Holzschäden auftreten, die das Entfernen von Ästen erforderlich machen, ist der Schnitt im Sommer im vollen Laub durchzuführen. Bäume, die ausgangs des Winters oder im Frühjahr geschnitten werden, bluten sehr stark. Schnittwunden sind unbedingt mit Wundverschlussmittel zu versehen.

Haselnuss

Die Haselnuss kann als Strauch oder, auf Baumhasel veredelt, als Busch kultiviert werden. Die veredelte Form hat den Vorteil, dass keine Bodentriebe gebildet werden. Durch die Bodentriebe wird die Fruchtbarkeit gemindert. Die Haselnuss fruchtet vorwiegend am einjährigen Holz. Die weiblichen und männlichen Blüten befinden sich getrennt auf dem Gehölz. Am Fruchtzweig sind unmittelbar vor der Blüte die männlichen Blüten (Kätzchen) und die weiblichen Blüten mit roten Narben zu erkennen.

Blüte der Haselnuss

Pflanzschnitt

Der Rückschnitt erfolgt bei beiden Formen auf etwa 50 bis 70 cm. Es ist von vornherein auf eine Hohlkrone zu orientieren, um eine ausreichende Belichtung zu gewährleisten.

Schnittmaßnahmen sind nur alle drei bis vier Jahre erforderlich; man entfernt die ältesten Astbereiche an der Basis

Erziehungsschnitt

In das Kroneninnere wachsende Triebe werden entfernt. Seitentriebe schneidet man zurück, um eine leistungsfähige Krone aufzubauen.

Erhaltungsschnitt

Beim Erhaltungsschnitt ist darauf zu achten, dass die Krone nicht überbaut. Der untere Kronenteil darf nicht im Schatten des oberen sein. Triebe, die auf der Oberseite der Leitäste wachsen, schneidet man weg. Bei der Strauchererziehung entfernt man die Bodentriebe regelmäßig.

Ein kräftiger Rückschnitt der Leit- und Fruchtäste wird von der Haselnuss vertragen und ist im Falle des Rückgangs von Ertrags- und Triebleistung notwendig.

Pflanzenschutzmaßnahmen

Schädigungen können durch verschiedene Witterungseinflüsse sowie tierische Schaderreger auftreten. Vorbeugende und aktive Maßnahmen bei Schädigungen werden vorgestellt.

Schädigung durch Witterungseinflüsse

An Gehölzen können im Winter Frostrisse am Stamm oder an kräftigen Gerüstästen auftreten. Tagsüber kommt es zur Erwärmung in diesen Gehölzbereichen. Tiefe Temperaturen in der Nacht führen zu Spannungen im Holz, sodass es aufreißt. Vorbeugend sind Stämme und Gerüstäste im Herbst mit einem Kalkanstrich zu versehen. Die weiße Farbe verhindert das Aufheizen des dunklen Holzes. Ist es zu Frostrissen gekommen, werden diese im Frühjahr mit Lehmbrei ausgeschmiert und mit Mullbinden umwickelt.

Frostschaden im Frühjahr am Apfelzweig

Hagelschaden an Kirschen

Im Frühjahr besteht die Möglichkeit der Schädigung von Blütenorganen durch Spätfrost. Besonders die Steinobstarten reagieren sehr empfindlich. Eine direkte Bekämpfung ist nicht möglich. Ausbleibender Ertrag hat aber zur Folge, dass das Triebwachstum in dem Jahr verstärkt ist, was sich auf die Schnittintensität auswirkt. Das heißt, im Sommer sind bereits mehr Triebe zu entfernen.

Hagel kann während der gesamten Vegetationszeit Schäden an Früchten, aber auch am Holz verursachen. Diese Schädigungen am Holz wiederum können Eintrittspforten für eine Vielzahl von sekundären Schaderregern sein. Bei sehr starkem Schaden ist ein Rückschnitt im Frühherbst (bis Mitte September) zu empfehlen.

Wind führt besonders an jungen Gehölzen zum Abbrechen von Trieben, vor allem der Stammverlängerung. Empfohlen wird deshalb, beim Rückschnitt der Stammverlängerung auf ein Auge zu schneiden, dass sich auf der dem Wind zugewandten Seite befindet.

Lang anhaltender Niederschlag während der Reifezeit führt zum Platzen der Früchte. Bei kleinkronigen Gehölzen kann durch Überdachung mit Folie Abhilfe geschaffen werden.

Intensive Sonneneinstrahlung verursacht Sonnenbrandschäden an Früchten. Besonders betroffen können Spalierobstgehölze sein, wenn sie sich an exponierten nach Süden gerichteten Standorten befinden.

Tierische Schaderreger

Blattläuse

Blattläuse verursachen Triebstauchungen, Einrollen der Blätter, Verkrüppelungen an der Triebspitze. Durch Honigtauausscheidungen kann es zur sekundären Besiedlung mit Schwärzepilzen kommen.

Gallmilben

Die Johannisbeergallmilbe findet man an der Schwarzen Johannisbeere. Typisch sind die kugelig angeschwollenen Knospen ab dem Spätherbst. Im Frühjahr erfolgt kein oder nur ein schwacher Austrieb. Diese Knospen sind entweder durch Schnitt oder auch durch Ausbrechen zu entfernen.

An Brombeeren tritt die Brombeergallmilbe auf. Die Früchte reifen nicht vollständig aus, sondern bleiben teilweise oder auch ganz rot. Die Milben überwintern am Strauch unter Knospenschuppen. Auch Fruchtmumien und Rindenrisse können Orte der Überwinterung sein. Deshalb sind Fruchtmumien im Herbst zu entfernen.

Apfelwickler

Die Raupen des Apfelwicklers verursachen an den Früchten einen Bohrfraß, der bis zum Kernhaus führt. Das hat Notreife der Früchte und vorzeitigen Fruchtfall zur Folge. Tritt der Falter in der zweiten Generation auf, hat man zur Erntezeit madige Äpfel. Als sekundärer Befall können Fruchtfäulen auftreten. Besonders an älteren Bäumen sind ausgangs des Winters die Stämme auf Larven und Puppen zu untersuchen. Das Abkratzen der Borke an den Stämmen ist eine geeignete Maß-

Blattläuse an Kirschen

Rundknospen an Schwarzer Johannisbeere

Beim Befall mit Brombeergallmilbe bleiben die Früchte kleiner und sind teilweise oder ganz rot gefärbt

nahme zur Befallsreduzierung. Wellpappegürtel sind ab Ende Juni an den Stämmen anzubringen und regelmäßig zu kontrollieren. Im Handel gibt es auch Fangfallen gegen den Apfelwickler.

Kirschfruchtfliege

Durch die Kirschfruchtfliege werden die Früchte madig. Sorten, die bis zur dritten Kirschwoche reifen, und rein gelbfrüchtige Sorten, wie 'Dönnissens Gelbe Knorpel' oder 'Drogans Gelbe Knorpel', bleiben madenfrei. Die Kirschfruchtfliege überwintert als Puppe etwa 3 cm tief im Boden. Je nach Temperaturentwicklung schlüpft die Fliege Mitte bis Ende Mai. Zu dieser Zeit sind die Früchte der später (ab 4. Kirschwoche) reifenden Sorten im Farbumschlag zu Gelb. An die sich gelb färbenden Früchte werden die Eier abgelegt. Die Larven dringen bis zum Stein vor. Nach etwa drei Wochen verlassen die Larven die Früchte, um sich im Boden zu verpuppen. Bei alten großen Bäumen hat man kaum eine Chance der Bekämpfung. Als Beispiel sei genannt: Für einen Baum von etwa 10 m Durchmesser und etwa 6 m Höhe würde man etwa zehn Gelbtafeln benötigen. Diese sind im oberen Kronenteil anzubringen, sonst haben sie kaum eine Wirkung. Bei kleinkronigen Bäumen kann der Kirschfliegenbefall durch das Einnetzen der Bäume mit Gemüsenetzen zum Zeitraum des Gelbumschlages verhindert werden. Die Netze werden zur Reifeentwicklung der Früchte (sortentypische Fruchtausfärbung) wieder entfernt.

Pflaumenwickler

Der Pflaumenwickler tritt in zwei Generationen auf. Die erste Generation schädigt die jungen Früchte im Frühjahr. Sie verfärben sich vorzeitig bläulich und fallen ab. Die zweite Generation erscheint ab Ende Juli. Auch hier kommt es zu vorzeitigen Reifesymptomen. Die Raupen der zweiten Generation überwintern unter der Borke des Baumstammes. Das Anlegen von Wellpappegürteln Ende August ist eine wichtige Maßnahme, damit der Befall im Folgejahr reduziert wird. Die Raupen suchen diese Wellpappegürtel als Unterschlupf zur Verpuppung auf. Ende September müssen die Gürtel entfernt und mit den Raupen vernichtet werden.

Pflaumensägewespe

Die Pflaumensägewespe ist auf die Farbe „Weiß“ fixiert. Sie legt deshalb mit ihrem Legestachel das Ei am Blütenblatt ab. Die Larve frisst sich in die noch sehr junge Frucht. Das Schadbild äußert sich darin, dass junge Früchte nach der Blüte abgestoßen werden und ein, manchmal auch zwei kleine Einbohrlöcher aufweisen. Die Sägewespenlarven sind bis 12 mm groß und verpuppen sich nach dem Fraß in der Frucht im Boden. Im April erscheinen sie als Wespe zur erneuten Eiablage. Chemische Mittel sind im Haus- und Kleingartenbereich nicht zugelassen. Abhilfe gegen die Pflaumensägewespe schafft der Einsatz von Weißtafeln.

Falter des Apfelwicklers

Larve des Apfelwicklers

Zu Beginn der Gelbfärbung der Früchte legt die Kirschfruchtfliege die Eier meist einzeln in die Früchte

Gelbe Fruchtfliegenfalle

Made des Pflaumenwicklers in der Frucht

Einbohrlöcher an Pflaumenfrüchten durch die Larven der Sägewespe verursacht

Pilze, Bakterien, Viren

Apfelmehltau

Der Apfelmehltau überwintert vorrangig in den Endknospen. Der Austrieb dieser Knospen ist verzögert. Die entstehenden Blätter sind deformiert und von einem weißen mehligen Belag überzogen. Werden die Früchte befallen, so weisen diese eine netzartige Berostung auf. Der Apfelmehltau tritt besonders an wärmebegünstigten und trockenen Standorten auf. Chemische Bekämpfungsmaßnahmen allein reichen nicht aus. Sie müssen mit mechanischen Maßnahmen (Wegschneiden der befallenen Triebe) kombiniert werden.

Schorf

Schorf tritt verstärkt in feuchten und mäßig warmen Jahren auf. Der Pilz überwintert an den abgefallenen toten Blättern. Bei stärkerer Durchfeuchtung dieser Blätter im Zeitraum April bis Juni werden die Sporen freigesetzt und gelangen auf die Blätter, jungen Triebe, Kelchblätter der Blüten oder Früchte. Die Keimung der Sporen dort ist vor allem an Feuchtigkeit gebunden. Das Schadbild sind vor allem blattoberseits rundliche, matt olivgrüne, später braune bis schwärzlich werdende Flecke.

Zur Bekämpfung gibt es Fungizide. Entscheidend für den Bekämpfungserfolg ist die Bestimmung des optimalen Bekämpfungstermins, der durch den Freizeitgärtner schwierig zu ermitteln ist. Entschließt man sich dennoch zu chemischen Maßnahmen, dann sollten die Hinweise des zuständigen Pflanzenschutzamtes beachtet werden. Bei einer Neupflanzung von Apfelbäumen ist deshalb gegenüber dieser Pilzkrankheit auf widerstandsfähige Sorten zu orientieren.

Monilia

Monilia tritt als Fruchtfäule und als Monilia-Spitzendürre auf. Das Schadbild der erstgenannten Form ist durch Polsterschimmel und durch Schwarzfäule gekennzeichnet und kann Früchte fast aller Obstarten befallen. Der Polsterschimmel bildet sich an Früchten, die Verletzungen aufweisen. Die Schwarzfäule entsteht bei der Lagerung von Früchten, besonders beim Apfel. Verbleiben befallene Früchte in den Bäumen, ist das bereits der Ausgangspunkt für einen Befall mit Monilia-Spitzendürre im folgenden Frühjahr.

Für erforderliche Schnittmaßnahmen ist die Monilia-Spitzendürre von Bedeutung. Das Schadbild äußert sich in welkenden Blütenbüscheln und nachfolgendem Absterben der Triebspitzen. Feuchtigkeit während der Blüte fördert den Befall. Der Pilz überwintert auf hängen gebliebenen Fruchtmumien, vertrockneten Blütenbüscheln und abgestorbenen Trieben. Diese müssen deshalb unbedingt aus dem Baum entfernt werden.

Der Pilz dringt über die Narbe, den Griffel und Blütenstiel in das Fruchtholz ein. Im Fruchtholz wandert er Richtung Triebspitze. Die Leitungsbahnen werden verstopft und der Trieb stirbt ab. Eine hochgradige Anfälligkeit besteht deshalb bei Obstsorten, die vornehmlich am einjährigen Langtrieb Blüten bilden und fruchten. Bei Befall ist unbedingt ein Rückschnitt in das gesunde Holz erforderlich.

Birnengitterrost

Auf der Blattoberseite erscheinen Mitte bis Ende Mai kleine orangerote Flecke. Auf der Blattunterseite bilden sich später rote knorpelige Pusteln, auf denen sich kleine, wie Gitterkörbchen aussehende Gebilde entwickeln. Für seinen Lebenszyklus benötigt der Pilz im Winter Wirtspflanzen. Er wechselt auf bestimmte Zierwacholderarten. Von denen aus erfolgt im Frühjahr wieder die Infektion der Birne durch Sporenflug. Eine direkte chemische Bekämpfung ist nicht möglich. Es sind gegen diese Krankheit keine Mittel im Haus- und Kleingartenbereich zugelassen. Eine erste Maßnahme zur Bekämpfung ist das Entfernen der Winterwirtspflanzen. Weiterhin bringt eine Bekämpfung des Kernobstschorfes im Zeitraum des Austriebes und der Blüte einen Erfolg zur Eindämmung des Birnengitterrostes. Im Regelfall sind etwa drei Spritzungen vom Blühbeginn bis zum abgeblühten Gehölz erforderlich.

Apfelmehltau am Jungtrieb

Schorfflecke an Apfelfrüchten

Durch Monilia abgestorbene Triebe bei Sauerkirsche

Fruchtmonilia an Kirschen

Schrotschusskrankheit

In niederschlagsreichem Frühjahr entwickeln sich kurz nach dem Austrieb auf den Blättern schrotkorngroße, karminrote Flecken. Das befallene Blattgewebe stirbt ab und fällt heraus, sodass es wie durch Schrotkorn durchlöchert aussieht. An den Früchten kommt es ebenfalls zur Fleckenbildung. Die Früchte verkrüppeln und sind nicht zu verwerten.

Sprühfleckenkrankheit

Auf der Blattoberseite bilden sich kleine violette bis bräunliche Flecke, die zur Mittelrippe zusammenfließen. Blattunterseits sind kleine rötlich weiße Flecke sichtbar, die bei zunehmender Feuchtigkeit von einem schleimigen hellen Belag besetzt sind, der antrocknet. Bei starkem Befall werden die Blätter gelb und fallen ab. Der Pilz überwintert am abgefallenen Laub.

Kräuselkrankheit

Durch den Pilz sind austreibende Blätter des Pfirsichs und der Nektarine durch Kräuselung verändert. Sie können blasenartig aufgetrieben, verdickt und rötlich verfärbt sein. Ab Ende Mai findet man auf der Blattunterseite einen samtartigen, hellen Belag. Die geschädigten Blätter fallen ab und im Juni erfolgt ein neuer Austrieb. Bei sehr starkem Befall können auch Triebe vertrocknen.

Krötenhautkrankheit

Der Pilz kann sowohl Kern- als auch Steinobstarten befallen. Die Pilzsporen dringen über kleinste Wunden in das Holz ein. Es kommt zum Absterben von Trieben und auch von ganzen Astpartien. Die Rinde des befallenen Holzes bekommt pustelartige Erhebungen, die an eine Krötenhaut erinnern. Aus diesen Erhebungen kommt es zum Austritt dunkelgrauer Pilzsporen. Befallene Astpartien sind bis in das gesunde Holz zurückzuschneiden. Das befallene Holz ist zu entsorgen.

Narren- oder Taschenkrankheit

Diese Pilzkrankheit verursacht Deformationen an Pflaumenfrüchten. Einzelne Früchte können ein übermäßiges Wachstum aufweisen. Sie sind lang gestreckt und schotenförmig gekrümmt. In den Früchten wird kein Stein gebildet. Der Pilz überwintert am Gehölz, sodass bei feuchter Witterung zur Blütezeit ein hohes Befallsrisiko besteht. Befallene Früchte müssen deshalb aus dem Gehölz entfernt werden und sind zu entsorgen.

Amerikanischer Stachelbeermehltau

Der Amerikanische Stachelbeermehltau tritt an Stachelbeeren, Schwarzen Johannisbeeren und Jochelbeeren auf. Der Pilz überwintert in den Triebspitzen, von denen aus die Infektion der Knospen im Frühjahr erfolgt. Feuchte Witterung in dieser Zeit fördert den Befall. Die Triebspitzen werden von einem weißen, mehlartigen Belag überzogen. Mit fortschreitender Erkrankung kommt es zu Verkrümmungen und Stauchungen der Triebe. Befallene Früchte platzen auf und sind nicht mehr verwertbar. Bei Befallsbeginn können zugelassene chemische Mittel eingesetzt werden. Bei den Kulturmaßnahmen ist darauf zu achten, dass die Gehölze ausreichend durchlüftet sind. Erziehungsformen wie

Birnengitterrost, Schadbild Blattoberseite

Birnengitterrost, Sporenträger auf der Blattunterseite

Kräuselkrankheit an Pfirsichtrieben

Schrotschussbefall an Kirschen

Sporenlager von Valsa (Krötenhautkrankheit)

Narren- oder Taschenkrankheit bei der Sorte 'Bluefre'

Weißer mehliger Belag zuerst an Triebspitzen, später auch auf Früchten

Hakenförmiges Abbiegen eines Apfeltriebes

Durch Scharka befallener Ast

Spindel- und Heckenerziehung sowie Hochstämmchen werden nicht so stark befallen. Gleichermaßen stehen Sorten zur Verfügung, die widerstandsfähig sind.

Feuerbrand

Der Feuerbrand ist eine der gefährlichsten Bakterienkrankheiten des Kernobstes und ist meldepflichtig. Die Hauptinfektionszeit liegt während der Blüte. Das Schadbild äußert sich meist in dunkelbraun gefärbten Blättern, die lederartig sein können. Die Triebspitze ist wie ein Haken abgekrümmt. Bei feuchtwarmer Witterung tritt an befallenen Trieben Bakterienschleim in Tröpfchenform aus. Außer an Obstgehölzen tritt Feuerbrand auch an einer Vielzahl von Ziergehölzen auf.

Scharkakrankheit

Die Scharkakrankheit kann die Pflaume, die Aprikose, aber auch den Pfirsich befallen. Diese Viruserkrankung, die allgemein von den Pflaumen bekannt ist, kann zum totalen Ertragsausfall führen. Hochgradig anfällig für Fruchtscharka ist die 'Hauszwetsche' oder auch 'Hauspflaume' genannt. Scharka ist ebenfalls eine meldepflichtige Krankheit. Typisches Erscheinungsbild sind konzentrisch helle Ringfärbungen auf den Blättern sowie rötliche Ringe auf dem Fruchtstein. Die Früchte haben pockenartige Einsenkungen und sind dadurch verkrüppelt. Meist fallen diese Früchte vorzeitig ab, sodass es bei starkem Befall zum Verlust der gesamten Ernte kommen kann. Hauptüberträger dieser Krankheit sind Läuse, sie kann aber auch bei der Gehölzvermehrung weiterverbreitet werden. Grundsätzlich sind daher virusfreie Gehölze zu pflanzen und es ist bei der Wahl der Sorte darauf zu achten, dass diese fruchtscharkatolerant ist. Bei den Aprikosensorten wird 'Kuresia' und bei den Pflaumen die Sorte 'Jojo' als scharkaresistent ausgewiesen. Bei Pflaumen stellt sich gegenüber dieser Viruserkrankung ab dem siebenten bis achten Standjahr eine gewisse Alterswiderstandsfähigkeit ein.

Vorbeugende und aktive Maßnahmen bei Schädigungen

Grundsätzlich gilt: Je geschwächter ein Gehölz ist, desto schneller kann es von Krankheiten oder Schaderregern befallen werden. Auch Gehölze, die ein mastiges Wachstum aufweisen, sind anfälliger gegenüber Krankheiten. Es ist deshalb darauf zu achten, dass ein ausgewogenes Verhältnis zwischen Wachstum und Ertrag besteht. Insbesondere bei Obstarten, die zu Alternanz neigen, sollte in den Jahren des verminderten Ertrages keine zusätzliche Düngung mit Stickstoff vorgenommen werden. Das trifft auch für Gehölze zu, die einem Verjüngungsschnitt unterzogen wurden. In beiden Fällen fehlt der Ertrag als Regulativ und alle Kraft geht nur ins Wachstum. Ungünstige Standortbedingungen, beispielsweise Staunässe oder Bodenverdichtungen, bedingen einen verstärkten Krankheitsbefall, aber auch Mangelerscheinungen an Nährstoffen. Sehr dichte Kronen mit ungenügender Durchlüftung sind besonders für Pilzkrankheiten anfällig. Erkranktes Holz ist bis in den gesunden Bereich zurückzuschneiden. Es ist unbedingt zu entsorgen und darf nicht gehäckselt auf den Kompost gebracht werden. Fruchtmumien müssen vom Baum entfernt werden. Vom Mehltau oder auch von Läusen befallene Triebe schneidet man zurück.

Messer (Baumschulhippe), Schere (hier mit Rollgriff), Bügelsäge und moderne Astsäge

Schnittwunden mit einem Durchmesser von mehr als vier Zentimeter sind mit einem handelsüblichen Wundverschlussmittel zu verstreichen. Das trägt zur schnelleren Wundverheilung bei. Auch die Wahl des richtigen Schnittzeitraumes und die Verwendung von fachgerechtem Schnittwerkzeug dienen der Befallsminderung.

Daneben ist die Sortenwahl ein wesentliches Kriterium, welches zu einer Minderung des Befalls mit Krankheiten beiträgt. Beim Apfel gibt es eine Vielzahl an Sorten, die sehr widerstandsfähig gegenüber Schorf und Mehltau sind. Auch bei Sauerkirschen sind Sorten im Handel, die eine hohe Widerstandsfähigkeit gegenüber Monilia-Spitzendürre und Sprühfleckenkrankheit haben.

Der Einsatz chemischer Pflanzenschutzmittel sollte nur im Ausnahmefall in Betracht gezogen werden. Im Haus- und Kleingartenbereich ist die Angebotspalette ohnehin eingeschränkt. Es dürfen nur solche Mittel eingesetzt werden, die für den jeweiligen Schaderreger oder die bestimmte Krankheit eine Zulassung haben. Im Kleingarten verbietet sich jedoch oft der Einsatz solcher Mittel aufgrund der Kleinräumigkeit, aber auch durch die Vielzahl von Unterkulturen. Außerdem haben die Bäume oft schon eine stattliche Größe erreicht, sodass die Maßnahme im oberen Kronenbereich nicht zur Wirkung kommt.

Service

Glossar

Adventivknospen	Knospen im Wurzelhalsbereich, die neue Triebe hervorbringen.
Alternanzverhalten	Verminderter Ertrag nach einem Jahr mit sehr hoher Ertragsleistung, besonders beim Apfel ausgeprägt.
Assimilatestau	Stau von Nährstoffen unterhalb einer Schnittstelle.
Astquirl	Seitentriebe entspringen als Quirl von einem meist senkrecht wachsendem Trieb.
Ballerinabaum	Gehölz mit einer dominanten senkrechten Mittelachse ohne Seitentriebbildung.
Entspitzen	Abkneifen der Triebspitze von Trieben im grünen unverholzten Zustand.
Erhaltungsschnitt	Schnittmaßnahme, um den Ertrag und das Wachstum im Gleichgewicht zu halten.
Fruchtholzschnitt	Rückschnitt von überaltertem Fruchtholz auf jüngeres.
Heister	Gehölz mit vorzeitigen Trieben, bei dem freie Stammlänge und Kronenbildung noch nicht vollendet sind.
Konkurrenztrieb	Parallel verlaufender Seitentrieb in Nachbarschaft eines Haupttriebes in gleicher Stärke.
Quirlholz	Kurztriebiges Fruchtholz beim Kernobst.
Saftwaage	Nach dem Rückschnitt enden Seitentriebe in einer Ebene und treiben dadurch gleichmäßig aus.
Schnitt auf Astring	Rückschnitt eines Triebes an seiner Ansatzstelle. Beim Herausreißen werden auch schlafende Augen an der Triebbasis mit herausgerissen.
Ständertriebe	Auf der Astoberseite wachsende senkrechte Triebe.
Stammverlängerung	Senkrechte Fortsetzung des Stammes im Kronenbereich.
Wasserschoss	Kräftiger, einjähriger Trieb mit sehr weiten Abständen zwischen den Blättern mit ausschließlicher Blattknospenbildung.
Wundkallus	Zellneubildung, die eine Schnitt- oder Risswunde überwallt und mit der Zeit verschließt.
Zugäste	Äste, die im unteren Bereich einer zurückgeschnittenen Krone durch ihre Blätter den Nährstofffluss von der Wurzel in die Krone aufrechterhalten und den Austrieb fördern.

Literatur

Böhmer, B. und Wohanka, W.: Farbatlas Krankheiten und Schädlinge an Zierpflanzen, Obst und Gemüse. 2. Auflage, Verlag Eugen Ulmer, Stuttgart, 2008.

Bürki, M., Gut, P. und Schloz, W.: Bildatlas Pflanzenschutz an Zier- und Nutzpflanzen. 6. Auflage, Verlag Eugen Ulmer, Stuttgart, 2007.

Fischer, M. (Hrsg.): Farbatlas Obstsorten. 3. Auflage, Verlag Eugen Ulmer, Stuttgart, 2010.

Fischer, M., Albrecht, H. J., Geibel, M., Thönges, H., Jakubik, U., Großmann, G. und Wackwitz, W.-D.: Obst kompakt. Verlag Eugen Ulmer, Stuttgart, 2007.

Großmann, G. und Wackwitz, W.-D.: Spalierobst. 2. Auflage, Verlag Eugen Ulmer, Stuttgart, 2005.

Link, H. (Hrsg.): Lucas' Anleitung zum Obstbau. 32. Auflage, Verlag Eugen Ulmer, Stuttgart, 2002.

Maurer, J.: Obstbäume schneiden und pflegen. 1. Auflage, Verlag Eugen Ulmer, Stuttgart, 2008.

Schulz, B. und Großmann, G.: Obstgehölze erziehen und schneiden. 2. Auflage, Verlag Eugen Ulmer, Stuttgart, 2009.

Zehnder, M. und Weller, F.: Streuobstbau. 1. Auflage, Verlag Eugen Ulmer, Stuttgart, 2006.

Bildquellen

Fotos:

123rf.com/lianem: Umschlagfoto oben

Baumjohann, D., Hameln: Seite 111 unten links

Buchter-Weisbrodt, H., Rödersheim: Seite 72, 89

Bundessortenamt, Wurzen: Seite 32, 93

Bürki, M., Langendorf (CH): Seite 108 oben, 111 Mitte rechts, 113 unten links

Dalmatin.o/fotolia: Seite 99

Dürig, W. (gest.), Roggwil (CH): Seite 111 unten rechts, 113 oben rechts

Eidgenössische Forschungsanstalt für Wein-, Obst- und Gartenbau, Wädenswil (CH): Seite 116 unten links

Fischer, M., Dresden-Pillnitz: Seite 45, 80

Forschungsanstalt Geisenheim, Fachgebiet Phytomedizin: Seite 109 Mitte, 109 unten, 113 Mitte rechts

Großmann, G., Dresden-Pillnitz: Seite 4/5, 6 (beide), 8, 12 links, 20 (beide), 22 (alle), 28, 38, 63 (beide), 64 (alle), 67, 69 (beide), 71, 74, 76 (beide), 85, 87, 95, 97 oben links, 97 (beide), 106/107, 116 oben links, 116 unten rechts

Haberer, M., Nürtingen: Seite 116 oben rechts

Himmelhuber, P., Regensburg: Seite 30/31

Inforama Oeschberg, FOB, Koppigen: Seite 35, 47 (beide)

Landesanstalt für Pflanzenschutz, Stuttgart: Seite 111 Mitte links

Marina Lohrbach/fotolia: Seite 103

mauritius images/Garden World Images: Seite 102

Möhler, M., Erfurt: Seite 61, 68

Nikusch, J., Offenburg: Seite 115 unten rechts

Photolibrary/Marco Casiraghi: Umschlagfoto unten

pixelpainter47/fotolia: Seite 120/121

Reinhard-Tierfoto, Heiligkreuzsteinach: Seite 2/3

Schirmer, G., Regensburg: Seite 58

Schulte, E., Wurzen: Seite 91
shutterstock/Boris15: Seite 104
Syngenta Agro AG, Dielsdorf (CH): Seite 108 unten, 109 oben, 111 oben links, 111 oben rechts, 113 unten rechts, 115 oben links, 115 oben rechts, 115 Mitte rechts, 115 unten links
Weller, F., Ravensburg: Seite 19
Zehnder, M., Geislingen: Seite 118

Zeichnungen:
Die Zeichnungen auf den Seiten 7 (beide), 8 (beide), 9 oben, 46 links, 62 oben rechts, 75 links, 76, 81 oben, 94 (beide), 96 unten, 100 oben, 101 (beide), 104 und 105 wurden von Herrn Johannes-Christian Rost, Stuttgart, nach Vorlagen von Herrn Jürg Maurer angefertigt. Alle übrigen Zeichnungen fertigte Herr Rost nach Vorlagen des Autors.

Register

Die in diesem Buch enthaltenen Empfehlungen und Angaben sind vom Autor mit größter Sorgfalt zusammengestellt und geprüft worden. Eine Garantie für die Richtigkeit der Angaben kann aber nicht gegeben werden. Autor und Verlag übernehmen keinerlei Haftung für Schäden und Unfälle.

Bibliografische Information der Deutschen Nationalbibliothek
Die Deutsche Nationalbibliothek verzeichnet diese Publikation in der Deutschen Nationalbibliografie; detaillierte bibliografische Daten sind im Internet über http://dnb.d-nb.de abrufbar.

Wollgrasweg 41, 70599 Stuttgart (Hohenheim)
E-Mail: info@ulmer.de
Internet: www.ulmer.de
Umschlaggestaltung: Atelier Reichert, Stuttgart
Lektorat: Dr. Angelika Jansen, Birgit Schüller
Herstellung: Silke Reuter
Satz: pagina GmbH, Tübingen
Reproduktion: timeray visualisierungen, Herrenberg
Druck und Bindung: Firmengruppe APPL, aprinta Druck, Wemding
Printed in Germany

ISBN 978-3-8001-4971-1